ひとりで全部できる

カラー版

空気圧設備の保全

小笠原邦夫 著

日刊工業新聞社

はじめに

　休日明けの工場で空気圧設備を立ち上げた際に、安定した動きが得られないことで困ったことはありませんか。また、設備稼働中に動作速度や停止位置が変化し、そのたびに調整回数が増えるというようことは起きていないでしょうか。機器の安定稼働に時間を要するのは、設備に異常が起きている証拠です。

　職業訓練に携わっている私は、これまで部品加工や組立工場、食品製造工場などにたびたび足を運んできました。そして製造現場を拝見させていただくと、回転軸の振れや金属の擦れる異常音、給油不足やエア漏れなど、今すぐにでも手を打たなければならない箇所を多々目の当たりにしたものです。

　工場長をはじめグループリーダーたちに生産現場における保全状況について聞くと、「動作不具合が起きても、異常原因を突き止める時間が取れない」「高経年化した設備のため、頻発する製造トラブルに対して数人の保全担当者では設備全体を見切れない」などと答えが返ってきます。つまりは、部品交換作業に終始していて、事後保全の域から抜け出せていないのです。

　特に軸受やVベルト、機械式リミットスイッチなど交換によって稼働性能の改善が見込める機械要素部品と比較すると、空気圧機器はエアに含まれる異物（ゴミと水分）が複雑な配管経路や機器を通過して工場全体に行き渡り、末端の制御弁やシリンダの駆動機器に悪影響を及ぼします。したがって、外部からの異物混入を防ぐ対策など、配管の施工状態も含めて空気圧設備全体を理解することが必要です。制御弁やシリンダなどの機器交換では再発し、根本解決に結びつくことはありません。

　また、稼働中の生産設備はすでに数十年が経過し、設備不具合やチョコ停などの慢性的なトラブルへの対処方法に個人差が発生しています。できる人への業務の偏りやノウハウの属人化を防がないと、正しい保全技術は蓄積されません。そこで保全作業における個人差を標準化し、慢性的なトラブルに迅速に対応する保全技術が求められているのです。

　本書は、工場設備の中で比較的扱いやすく、効果が出やすい空気圧設備に的を絞って保全のやり方を解説しました。本のサブタイトルに表記しています

が、生産現場で発生したトラブル事例をもとに「ひとりで全部できる」教材としてまとめたものです。特に問題が起きた機器や異常箇所に焦点を当てて、基本をしっかり押さえて安全な作業として取り組めるように、これまで培った私の経験やノウハウを技能伝承して手順を紹介しました。「ここだけは押さえておきたい対策の要点」や「実際に発生したトラブルや保全のポイント」を随所に含め、本書に沿ってひとりで空気圧設備の基本操作や調整、部品交換に必要な知識の習得に加え、エア漏れ箇所の発見と対策が行えます。

　また、保全担当者が同じ作業目線でさまざまな課題に対し、共通認識を高めることは保全作業の効率化につながります。ベテラン技能者の退職に伴って技能が十分に伝承されていない現在、ノウハウ共有化への取り組みとして、このたび装い新たにカラー版で発行する次第です。カラー化としたことで直感的に識別できる情報量が増え、より関心を持って読み解いていただけるようになります。

　このほか近年はエア漏れを防ぐことで、コンプレッサの負荷改善（延命化）やエネルギー損失の削減が注力されています。そこで、依頼を受けた工場のグループリーダーや製造オペレーターと協力し合い、エア漏れ改善を実施しました。改善成果が得られるエア漏れ点検方法を示しましたので、ぜひ設備に関わる方々と一緒にエア漏れ撲滅を目指してください。

　さらに、昨今では労働災害に対する安全教育の推進が課題です。巻き込みやはさまれ災害、圧力が作用した状態（残圧）での保全作業、急激な圧力解放による機器の落下などが挙げられます。調整しやすい空気圧設備は、身近で安易な機器と間違ってとらえられます。外国人労働者や作業見習いの方、配置転換などで空気圧設備との関わりが低い方には、注意喚起をするだけではなく、実務作業と照らし合わせて危険を示す必要があります。本書が設備への理解をより深めるきっかけとなり、保全技能・技術に関わる方々の参考になれば幸いです。

　最後に本書の発行に際し、企画段階から多くのアドバイスをいただき、出版に尽力していただいた日刊工業新聞社出版局書籍編集部の矢島俊克氏に深くお礼申し上げます。

　2025年2月

　　　　　　　　　　　　　　　　　　　　　　　　　　　小笠原 邦夫

ひとりで全部できる
カラー版 空気圧設備の保全
目 次

はじめに……………………………………………………………1

第1章
空気圧設備の有効性と弱点

1-1 生産設備の動力源を知る………………………………8

1-2 生産現場に欠かせない空気圧の利用……………………12

1-3 空気圧設備の構成を確認しよう…………………………16

1-4 空気圧設備は必ずトラブル（異常）を起こす……………20

1-5 少しの見直しで設備は改善される………………………24

1-6 日常点検で異常に気づく…………………………………28

column1 配管の色や制御機器に名称を記載して役目を見える化————32

第2章
空気圧システムの構成を知る

2-1 空気圧システムの全体像を把握しよう…………………34

2-2 出力部に配置される圧力と流量の違い…………………38

2-3	シリンダの動きは方向制御弁の種類によって異なる	42
2-4	差が出る配管の取り回し	46
2-5	コンプレッサとレシーバータンクの連携	50
2-6	アフタークーラーとエアドライヤーの併用で99%の水分を除去できる	54
column2 継手の呼び方と取り扱い		58

第3章

機器の点検ポイントを把握して
正常と異常を判断する

3-1	調整しやすい駆動機器は異常に気づきにくい	60
3-2	エア漏れが発生するとなぜ困るか	64
3-3	シリンダには負荷に弱い方向がある	68
3-4	シリンダ検出スイッチがずれるとシリンダは動かない	72
3-5	電磁式方向制御弁の動作を確認しよう	76
3-6	流量制御弁はシリンダ速度を遅くさせるのが目的	80
3-7	フィルターの目詰まり状況を確認しよう	84
3-8	レギュレータの圧力は2次側を示している	88
3-9	ルブリケータの滴下状態を確認する	92
3-10	コンプレッサとエアドライヤーの性能を維持する	96
column3 流量制御弁の取付位置		100

第4章

災害を防ぐ安全な保全作業への取り組み

4-1	シリンダの飛び出し現象に注意する	102
4-2	エア供給ラインで発生する残圧の危険性	106
4-3	エア排気と供給の難点	110
4-4	オールポートブロックバルブの残圧処理と飛び出し現象	114
4-5	エア漏れが発生したときの対処方法	118
4-6	コンプレッサの定期点検を行い寿命を延ばそう	122

column4 方向制御弁の4ポート、5ポート弁はシリンダのサイズで選ぶ —— 126

第5章

設備を長もちさせる正しい部品交換作業

5-1	配管組付作業はエア漏れ対策の基本	128
5-2	継手の交換作業をやってみよう	132
5-3	シリンダの分解と組付作業をやってみよう	136
5-4	制御弁の構造と主弁の動きを確認しよう	140
5-5	フィルターのエレメント交換をやってみよう	144
5-6	レギュレータの調圧不具合を確認しよう	148
5-7	ルブリケータの滴下不具合を確認しよう	152
5-8	シリンダの衝撃対策	156

column5 磁気近接用スイッチを交換（購入）する際は機種を確認しよう —— 160

第6章

空気圧設備の動作不具合の原因

6-1 機器のサイズが小さいとシリンダ動作が得られない 162

6-2 パイロット形シングルバルブの動作不具合を確認しよう 166

6-3 3ポート2位置弁複列式バルブの動作不具合を確認しよう 170

6-4 マニホールドを使用した出力機器の動作不具合を確認しよう 174

6-5 ソレノイドバルブからの「うなり音」を確認しよう 178

6-6 空気圧機器は圧力確保がカギ 182

索　引 186

ひとりで全部できる
カラー版 空気圧設備の保全

第 1 章

空気圧設備の
有効性と
弱点

1・1 生産設備の動力源を知る

　産業機械や装置をよく観察してみると、電動モータ、カム・リンク機構を用いた機械要素、油圧や空気圧による流体を動力源としたものがあります。これらは単独または組み合わせて、連動して動いています。それぞれの動力源の特徴と使用箇所について確認します。

電動モータを主動力とした機器

　電動モータは工作機械の要です（図1.1.1）。材料切断機や砥石は電動モータに回転工具を直接組み付けて、一定の回転数で切削を行います。

　一方、材料の穴あけに利用されるボール盤は、ドリルの直径（φmm）と加工材料（材質）によって最適回転数を選択します。回転数の可変にはインバータ制御（周波数変換）や、電動モータに段付きプーリを取り付けて、ベルトを介して回転数を可変させます。

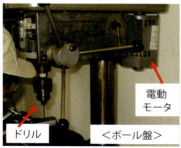

図1.1.1　電動モータを主動力とした機器

- モータは電力（kW）で性能を示す
- 高速回転ではトルク（回転力）は低く、逆に低速回転ではトルクが高くなる

機械要素を主動力に利用した機器

機械要素を利用した機器には、カムやリンク機構があります（図1.1.2）。

カム機構とは、任意の形をした板（円板カム）を回転軸に取り付け、軸が1回転する間に回転角度に対応してレバーが上下に可動し、動力を伝達します。円板カムの設計や加工には手間がかかりますが、機械的な同期性が取れることから、エンジンのクランクシャフトなどに利用されます。

リンク機構とは、節（リンク）や直線的に移動する部品（スライダー）を連結させて、複雑な動作をつくることができます。身近な例としては、自動車に用いられるワイパー機構があります。互いのワイパーが干渉しないように、動作タイミングを調整されています。

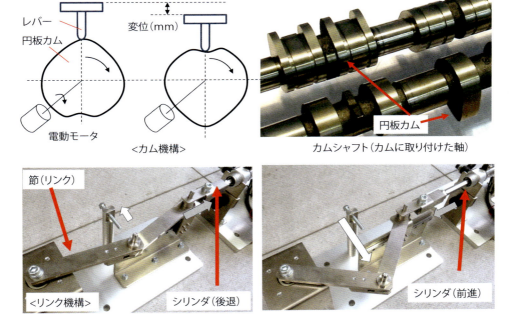

図1.1.2　機械要素を主動力に利用した機器

○カム機構はカムの形状に応じて、回転角度を直線運動（変位）に変換
○リンク機構は節（リンク）の数と長さに応じて、移動距離を直線運動（変位）に変換

第1章　空気圧設備の有効性と弱点

油圧を主動力とした機器

　油圧や空気圧はシリンダ（容器）に液体（油）や気体（空気）を入れて、ピストンロッドを可動させて仕事をします。このとき、単に油や空気をシリンダ（容器）に入れても動きません。重要なのは油や空気を押し込める作業によって、仕事（出力）が得られます。この押し込める作業を圧縮、得られる力を圧力と呼びます。

　油圧はタンク内に溜めた油を利用します（図1.1.3）。電動モータと油圧ポンプを直結させ、回転する歯車が噛み合うことでタンク内の油を吸い込み、圧縮（高圧力）させてラインへ吐出します。吐出した油は、配管を伝って再度タンクに戻ります（循環）。

　用途としては、材料のクランプや可搬重量物の上下リフター、プレス機などに利用されます。

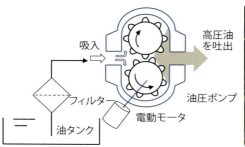

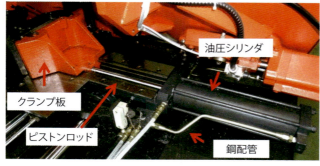

高圧に耐えられるように油圧シリンダや接続配管には鋼材が使用される

また、接続配管は専用のパイプ曲げ機（パイプベンダー）を使用し、施工の際は油漏れがないように組み付ける

油圧の施工は手間と時間を要す

図1.1.3　油圧を主動力とした機器

ここがポイント
- タンクの油を使用するため、シリンダの増設は油量不足となる。したがって、油圧システムは初期設計したシステムから大幅な変更はない
- 油の粘度管理としてヒーターやクーラーなどのオプションが必要

空気圧を主動力とした機器

空気圧システムはコンプレッサを用いて、大気中の空気（エア）を吸入①し、圧縮②させて高圧状態のエアを吐出③します（**図1.1.4**）。

設備で使用される空気圧を利用した機器には、切りくず除去用のエアブローや歯を削る歯科用エアスピンドルがあります。エアスピンドルは、エアを主軸に供給して2万回転もの高速回転を可能とします。

また吸着パッドを用いてエアを吸入して、製品を搬送する真空機器があります。空気圧機器の特徴は、油圧に比べて低圧力であることから、シリンダの材質には軽量のアルミが使用されます。特に可搬重量に制限がある産業用ロボット先端に取り付けられるなど、欠かすことができない機器です。使用に当たっては配管の取り回しがしやすく、生産規模に応じて機器の増設が可能です。油圧と空気圧は使用できる圧力、環境を考慮して選定されます。

空気圧システムは大気を吸入し、圧縮させて利用

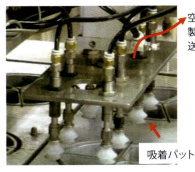

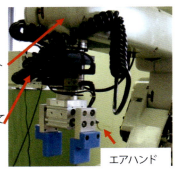

図1.1.4　空気圧を主動力とした機器

○コンプレッサの能力以上にエアを消費すると、シリンダの出力不足になる
○コンプレッサがあれば、油圧に比べてシリンダ増設が可能
○空気圧は、油を使用せず比較的圧力が低いために取り扱いやすいシステム

第1章　空気圧設備の有効性と弱点

1・2 生産現場に欠かせない空気圧の利用

油圧と空気圧は圧力を制御する

　油や空気を圧縮して得られた**圧力**とは、どのようなものでしょうか。これは1cm×1cmの断面積（1cm²）に作用する、1kgfの力（荷重）として1kgf/cm²で示されます。現在は圧力はパスカル（Pa）で示され、油圧・空気圧利用分野ではMPa（メガパスカル）が主に使用されます（1kgf/cm²＝0.1MPa）。

　直径4cmの断面積を持つシリンダで、60kgfの重量を持ち上げるにはどのくらいの圧力が必要でしょうか。その解を求めるには推力計算が必要です（**図1.2.1**）。単位換算を行った後に、この条件をもとに計算をすると、設定圧をおよそ0.5MPa（5kgf/cm²）供給することで、可動させられることがわかります。

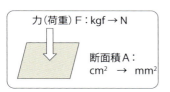

圧力Pとは、断面積Aに作用する力（荷重）Fで示される

圧力P（MPa）＝力F（N）／断面積A（mm²）

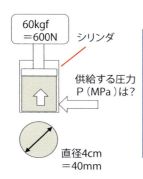

図1.2.1　シリンダ動作に必要な供給圧力

　○シリンダの断面積は一般的に円形
　○計算によって得られた圧力P（MPa）が、安定して供給されることが重要

油圧と空気圧では圧縮できる範囲が異なる

　油と空気は圧縮したときに違いが出ます（図1.2.2）。空気は油に比べて圧縮性が高く（気体の密度が低い）、高圧による防爆の危険性があります。したがって、使用できる圧力範囲は一般的に1.0MPa（10kgf/cm²）以下とされています（＊機器の耐圧保障は1.5MPaまで〈圧力容器安全規則〉）。

　一方、油は液体であり空気を含んでいません（わずかに含む程度）。したがって、空気に比べて圧縮性が低く（非圧縮性）、油圧のポンプサイズによって7MPa（70kgf/cm²）以上の高圧をつくることが可能です。

　一方、材料を折り曲げるプレス機では油圧と空気圧のどちらが使用されるでしょうか（図1.2.3）。材料の曲げや切断時には変形による抵抗力（反力）が発生し、これに対抗できる圧力が必要です。また、材料切断時のクランプでは切削抵抗が発生し、圧縮性がある空気ではクランプ力が弱まり、工具の摩耗や切断面不具合に影響します。そこで、圧力だけではなく圧縮性も考慮して、油圧か空気圧かを選定する必要があります。

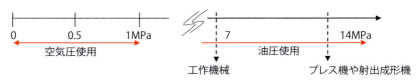

図1.2.2　油圧と空気圧の使用範囲

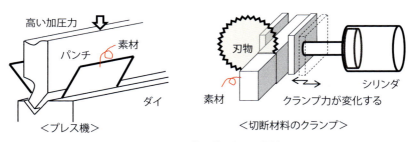

図1.2.3　設備に求められる要素

ここがポイント
○油圧は空気圧よりも高圧が得られる
○圧縮性は設備によっては悪影響を及ぼす
○高い加圧力だけではなく、圧縮を考慮して油圧か空気圧を選定

電動シリンダの有効性を確認しよう

　ボール盤に使用される電動モータは、電源ON/OFFで一定の回転を与えて連続運転で使用します。これに対しパルスモータ（サーボやステッピング）は、電気信号に応じた回転角度を細かく設定（1.8°/パルス）して、制御することができます。したがって、回転方向（正転・逆転）や回転数を可変でき、正確な多点位置決めや、繰り返し停止精度を可能とします。

　図1.2.4に示すパルスモータを利用した電動シリンダは、モータ回転軸にボールねじが取り付けられています。ボールねじのピッチ（ねじの山と山の間隔）が1mmであれば、200パルスで1回転（200×1.8°＝360°）＝1mm移動します。

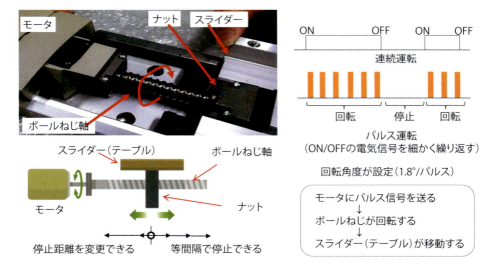

図1.2.4　電動シリンダの有効性

○油圧や空気圧は前進・後退の2位置が主な動作
○パルス信号とは、電気信号のONとOFFを細かく制御して起動（回転）・停止を繰り返す
○多様化する製品サイクルに、多点位置決めできる電動シリンダは有効

空気圧シリンダの有効性を確認しよう

　油圧、空気圧システムではパッキンの摺動抵抗があり、電動シリンダのように正確な位置決めには不向きです（図1.2.5）。主にシリンダピストンロッドの前進・後退の2点動作を基本とし、バスや工作機械の扉開閉装置や製品を「把持する」「上昇・下降する」「横方向にスライドする」など、複数の機器と組み合わせて利用されます。

　荷物搬送用のリフター装置の課題は上昇・下降時に加速度による衝撃や、振動が発生することです。電動シリンダはパワーがある反面、振動など過負荷の変動には不向きです。しかし空気圧では、空気の圧縮作用によって衝撃を緩和することができます。油圧ほど大きな力を必要としないのであれば、空気圧シリンダの容量大型化で対応できるなど、空気圧システムが有効となります。

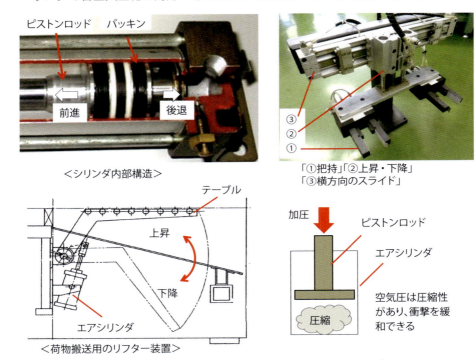

図1.2.5　空気圧シリンダの有効性

ここがポイント
○空気圧や油圧シリンダの動きは、前進と後退の2点動作が基本
○パッキン摺動抵抗により安定した動作は不可能
○圧縮性を有効に利用したものに、衝撃緩和装置（ショックアブソーバ）がある

第1章　空気圧設備の有効性と弱点　15

1・3 空気圧設備の構成を確認しよう

　空気圧設備はシリンダの過負荷や、パッキン寿命（経年変化）によって必ず異常（トラブル）を発生させます。生産現場に身近なエア機器である吹き付け作業（エアブロー）を参考に、空気圧システムの構成と機器の動作について確認します。

エアガンを用いた吹き付け作業（エアブロー）の構成を確認しよう

　エアガンを用いて圧縮した空気を吹き付けることで、切削工具の刃先に付着した切りくずやゴミの除去を行います。自動化ラインや工作機械では欠かすことのできない装置です（**図1.3.1**）。

　吹き付け作業は供給元であるコンプレッサ、エアを伝達する配管、出力部のエアガン、接続機器から構成されています。以下にそれぞれの役割を確認します。

(1) コンプレッサの役割

　コンプレッサは空気を圧縮する電動モータ（動力部）と、空気を蓄えるエアタンクから構成されます。電源スイッチを入れると電動モータが起動し、空気の吸入と圧縮を行います。

(2) エアタンクの役割

　エアガンによる吹き付けはエアを多量に消費するため、電動モータが常に可動状態となります。そこで、一時的に圧縮した空気を蓄えるために、エアタンクが付属されているのです。空気圧システムはエアタンクに蓄圧された圧縮空気を使用（消費）して、エアを有効利用します。

(3) 配管の役割

　圧縮された空気は高圧となるため、耐圧性のある配管（～1.5MPa）が使用されます。配管には鋼配管と、取り回しがしやすいゴムホースやエア配管があります。配管を長く配置することによって、エアを使用したい場所まで圧縮空気を送り届けることができます。

(4) エアガンの役割

　空気を「流す」「止める」作業は、水道の蛇口開閉と同じです。水道の蛇口は、ハンドルの回転角度によって内部の弁の開き具合が変わります。エアガン

も同様にハンドルの引き具合により、エアの吐出量が変わるのです。

(5) 接続機器の役割

コンプレッサと配管、配管とエアガンの接続には継手が使用され、配管が抜けるのを防止します。

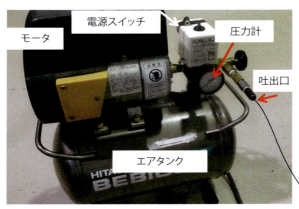
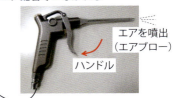

＜コンプレッサの外観＞

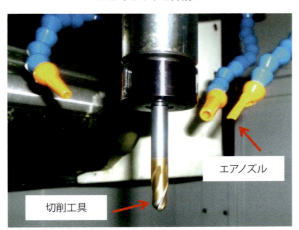

＜工具のエアブロー＞

- 初めて取り扱うシステムは特に経験で対応せずに、動きを確認し（連動性）、正常な状態について判断が必要
- トラブルは動力源と使用される機器から発生する。動力源であるコンプレッサの、エアの消費に対する圧力の変動を確認しよう

図1.3.1　エアブローシステム

第1章　空気圧設備の有効性と弱点

機器を知り圧縮空気の流れやラインの構成を確認しよう

　出力側機器（シリンダ）を動作させるための空気の流れと制御弁（バルブ）の動作について確認します。

(1) 駆動部の構成を知る

　図1.3.2に単ロッドシリンダと制御弁を示します。コンプレッサからのエアは、制御弁のPポートに接続します。Aポートはシリンダのヘッド側に接続します。シリンダには、ロッド側（L）にばねが組み込まれています。

　図1.3.3にエア回路図を示します。制御弁のハンドルを切り換えることで、エアの供給と排気を繰り返します。

(2) 回路は非稼働状態で示す

　制御弁右側の四角いブロックに切り換わっているとき、コンプレッサからのエアは制御弁のPポートまで供給されています（図1.3.3（a））。

(3) 機器を動作させる

　①ピストンロッドを前進させる

　図1.3.3（b）に示すように、ハンドルを操作して制御弁を左側の四角いブロックに切り換えると、エアはP→Aに流れてシリンダH側に入ります。ピストンロッドはばねを圧縮させながら前進して、L側の空気は大気に排出されます。

　②ピストンロッドを後退させる

　ハンドルを操作して、制御弁を再び右側の四角いブロックに切り換えると、シリンダH側のエアはA→E（サイレンサー）を通過して大気に排出されます。同時にピストンロッドは後退（図1.3.3（a））します。

　③シリンダの動きはシーケンス制御されている

　自動化された設備は、あらかじめ定められた順序（プログラム）によって制御されています。これをシーケンス制御と呼び、産業機器の大部分がシーケンス制御によって作動しています。

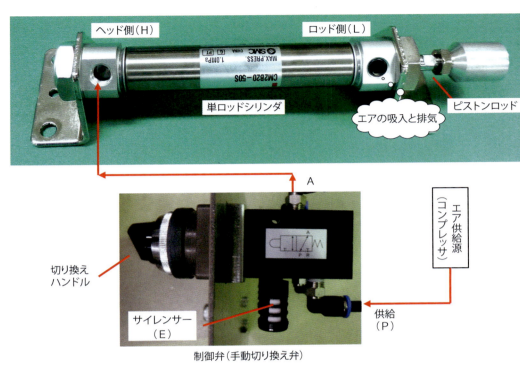

図1.3.2　駆動部の構成

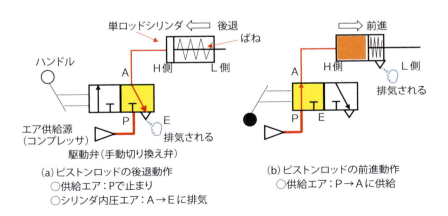

(a) ピストンロッドの後退動作
　○供給エア：Pで止まり
　○シリンダ内圧エア：A→Eに排気

(b) ピストンロッドの前進動作
　○供給エア：P→Aに供給

図1.3.3　エア回路図

第1章　空気圧設備の有効性と弱点

1·4 空気圧設備は必ず トラブル（異常）を起こす

エア機器を使用するに当たり、エア漏れや異物混入、ドレン（水分）の影響を受けると動作不具合は必ず発生します。このようなトラブルが発生する原因について、以下を確認します。

システムの動作をタイミングチャートで描いてみよう

設備の機能が正常か異常かの判断は、日頃見ていないと気づきにくいものです。このようなときはタイミングチャートを用いることで、工程の異常判断に役立てます。

エアガンの利用と圧力変動をタイミングチャートで示そう

図1.4.1にコンプレッサ（電動機）の起動とエアタンクの圧力変化を示します。タイミングチャートは横軸に時間経過を示し、縦軸に出力機器の名称とその動きを示します。

(1) コンプレッサスイッチを入れて最高圧まで上昇させる（圧縮工程）
　①運転（起動）スイッチを入れる
　②コンプレッサが起動して、圧縮が開始
　③エアタンクに圧縮空気が徐々に蓄圧
　④エアタンク圧力が設定圧（0.85MPa）に達する
　⑤コンプレッサが停止
　⑥エアガンを使用しなければ、圧力は変動しない

(2) エア使用による圧力変化（エア消費工程）
　さらに、次のステージへと進みます。
　⑦エアガンを操作して、吹き付け作業（エアブロー）を行う
　⑧徐々にエアタンク圧力が低下
　⑨圧力下限値（0.65MPa）以下までエアタンク圧力が低下すると、コンプレッサが再起動
　⑩エアタンク圧力が上限設定圧に達すると、コンプレッサは停止

＜コンプレッサの圧力計＞

ここがポイント
○コンプレッサは機器によって最高圧が異なる
○0.65～0.85MPaはグリーンゾーン（正常起動範囲）を示す
○圧力は最高圧力（最高圧力0.85MPa）まで上昇
○圧力が規定値（0.65MPa）を下回ると、再度動き出す。なお、待機した状態を**アンロード状態**と呼ぶ

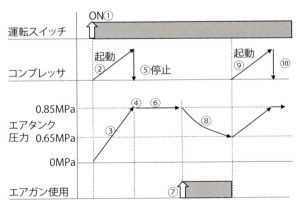

ここがポイント
○ブレーカー（元電源）のスイッチは右手で切り換え動作を行う
○漏電が発生した際、心臓に近い左手で作業をするのは危険

図1.4.1　コンプレッサの起動と圧力との関係

第１章　空気圧設備の有効性と弱点

エアガンから水分が吐出される（霧吹き状に吹く原因）

　吹き付けを行うたびに、霧吹き状の水分が吐出されていませんか（図1.4.2）。大気中には、ゴミや水分の異物が含まれます。コンプレッサの圧縮によって、その水分濃度は8倍に濃縮されるのです。

　また、タンク内部や配管内で温度が下がると（冷却）、水分は「結露」します。すなわち「気体」の水分が「液体」化するのです。これをドレンと呼び、霧吹き状の水分はドレンが噴出していることになります。

　ドレンはエアタンク下部に溜まります。そこでドレンの定期的な除去を行い、吹き付けによる品質低下を防ぎます。

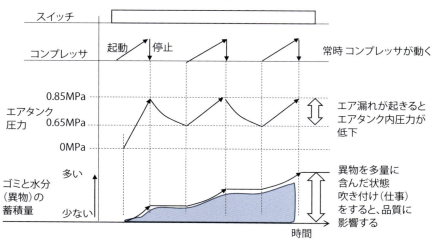

＜エアタンク下部に堆積したドレン＞

図1.4.2　コンプレッサの起動と異物堆積量

- ゴミや水分を除去しないと、ドレンは蓄積される
- エアタンク下部にはドレンコックがある
- 毎日1回、ドレンコックを開けて（2秒）ドレンを排出する

エアガンのレバーを操作しないのにエアが漏れる

出力部のエアガンから常時エアが漏れていませんか。そのようなとき、エアガンが悪い（壊れている）と判断して交換すべきでしょうか。

図1.4.3にエアガン内部を示します。エアガンは、空気の流れを小さなゴムの弁で切り換えています。ゴミ詰まりやドレン（水分）など機器に供給される空気の質が悪いと、パッキンが劣化し、エア漏れなど機器の動作異常につながります。

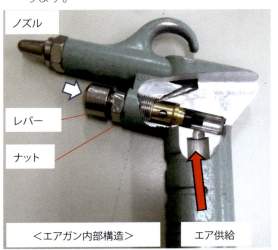
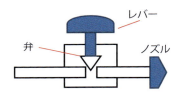
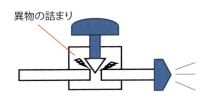

図1.4.3　エアガンの内部構造

○ナットを外すと機器内部を清掃できる
○弁の開閉部の傷や異物が詰まる、はさまるとエアが漏れる

第1章　空気圧設備の有効性と弱点

1・5 少しの見直しで設備は改善される

　吹き付け力の低下などにより能力不足を感じた設備は、動力源であるコンプレッサの更新や機器の変更が必要とすぐに考えてしまいがちです。しかし、空気圧設備は配管の見直しや吐出時間を変えるだけで、現状の能力を改善することができます。これによって、パッキンなどの劣化による不具合を減らし、機器の寿命を延ばすことができます。現状に満足せずに、設備の直しを考えてみましょう。

圧縮空気はタダではない

　吹き付け作業（エアブロー）は仕事ですが、配管や継手からのエア漏れは損失となります（図1.5.1）。空気はタダでも、コンプレッサは電動モータを回しているため電気代が発生します。したがって、エア漏れをなくすことは圧力の保持につながり、電力費の低減に結びつくのです。

　図1.5.2に示す流量計を取り付けて、日中の設備のエア使用量を計測した結果を図1.5.3に示します。

　12:00～13:00の昼時の時間帯には主要設備が停止します。ところが計測結果からは、エアが消費（コンプレッサが稼働）していることが確認できます。これは設備のどこかに、エア漏れが発生していることを示していると言えます。昼時など設備非稼働時にエア漏れの音が聞こえた場所が、エア漏れの発生源です。

　エア漏れは必ず発生します。配管や継手などの接続部、エアガン可動部を確認し、継手部や配管の漏れを見つけて交換や増し締めを行います。こうした対策を怠ると、空気量の供給不足による「チョコ停」につながります。

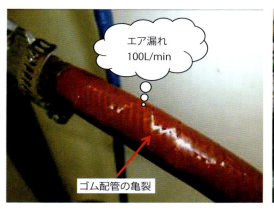

図1.5.1　配管亀裂によるエア漏れ発生箇所

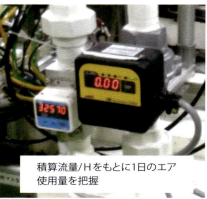

図1.5.2　配管に取り付けた流量計

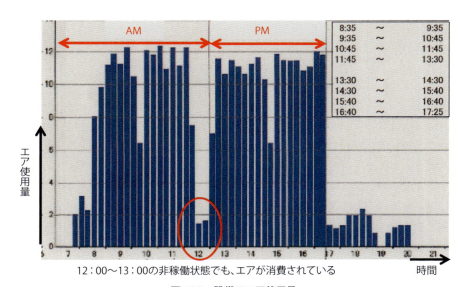

12：00〜13：00の非稼働状態でも、エアが消費されている

図1.5.3　設備のエア使用量

ここがポイント
- 昼時など設備非稼働時にエア漏れが聞こえたら、交換や増し締めを行う
- 小さなエア漏れも配管破裂に影響し、「チョコ停」につながる

第1章　空気圧設備の有効性と弱点

設備の問題点を見直そう

(1) 配管の長さは短くする

　ストローでジュースを飲む行為を思い描いてみてください。普段、何気なく使用するストローが、もし1mと長ければ吸い込みも難しくなります。これは、液体がストロー内部を流れるとき、配管壁による摩擦抵抗が発生するためです。

　空気圧でも同様の現象が起きます。供給部（入口）の空気を吐出部（出口）に搬送する場合、配管がムダに長いと、末端の圧力が低下します。これを**圧力の損失（圧損：あっそん）**と呼びます。

　特に細い配管は取り回しがしやすいものの、長いと圧損も大きくなります。ムダに長い配管は切断して短くすることで、末端の圧力を高めることができます（**図1.5.4**）。

(2) エア吹き付け力を見直そう

　水道のホースも先端部を押しつぶすと、水の噴出力が増します。これは吐出部の口径が小さくなり、吐出直前の圧力が高くなったためです。

　自動化ラインなどで、銅パイプやエア配管を切断した状態のものを用いて、エア吹き付け（エアブロー）を行っていませんか（**図1.5.5**）。これでは効果が得られません。

　先端部を少しつぶすことで、単位時間当たりの吹き付け力を上げることができます。省エネノズルとして製品化されているものがあります（**図1.5.6**）。

(3) 吐出時間を短くしよう

　吹き付け時間を長くしても、ゴミの除去効果は得られません。タンクに蓄えられた圧力は、エアの使用時間が長いと低下します。

　連続エアブローを長時間行うよりも、5秒以内の間欠エアブローによって空気消費量の削減効果が高くなります。さらに、対象物にノズルを近づけると吹き付け効果が得られます。

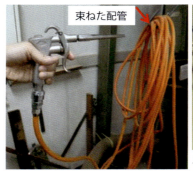
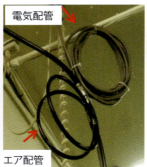

束ねた配管 / 電気配管 / エア配管 / スパイラルチューブ

末端までの配管が束ねてある　　天井に取り回した配管　　スパイラルチューブ

図1.5.4　配管長さによる損失

ここがポイント
○長いエア配管は圧損の原因
○スパイラルチューブは作業性は良いが、伸ばすとかなり長くなる

配管をそのまま切断した状態

先端が細く加工されたノズル

図1.5.5　吐出直前の圧力が低い状態　　**図1.5.6　吹き付け力が高いノズル形状**

ここがポイント
○カッターで切断した配管は、吹き出し口が広く能力は低下する
○先端部を少しつぶすことで吐出直前の圧力が高くなり、吹き付け力が向上

第1章　空気圧設備の有効性と弱点

1.6 日常点検で異常に気づく

機器を点検して正常と異常を判断しよう

コンプレッサから配管をたどっていくと、接続された機器が現れます。設備の動作速度に多少の遅れが発生しても、生産性に影響がなければ点検しなくなります。特に設備の裏側や、点検作業エリアが狭い場所はなおさらです。そこで、機器を点検して正常と異常を判断します。

図1.6.1に、木材加工機に使用されるシリンダを示します。ピストンロッドには木片が堆積し、検出スイッチ（リミットスイッチ）の信号状態が判断できません。このほか異物混入（木片）により、ロッドパッキンからエア漏れが発生しています（これは異常です）。交換作業だけで済ませずに、木片の除去をすることで寿命を延ばすことが可能です。

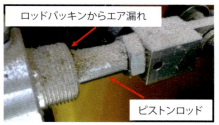
＜シリンダのピストンロットが後退した状態＞

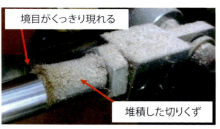
＜前進（伸びた）状態＞

＜ピストンロッドの位置を検出するスイッチ＞

機器の知識がないと、正常と異常を判断することはできない

機器自体をむやみに触ることは禁物

図1.6.1　シリンダの動作状況

ここがポイント
○清掃不足による異常（トラブル）を見つける
○日常管理項目として、エア漏れや検出スイッチの点灯状況の確認が必要

配管経路をたどって機器の配置を確認しよう

　機器によってはパネル内部に格納されていることもあり、保守点検時以外に見る機会が少ないことがあります。

　回路図があれば、それぞれの機器がどのように接続されているかを確認することができます。しかし、機器の取り付けの向きについては明確に示されていません。間違った取り付けは機器の寿命を縮めるため、カタログなどで配置を確認する必要があります。図1.6.2.に機器の取り付けの向きを間違え、設備内部を汚染した状態を示します。

　オイル（ルブリケータ）を使用した機器は、大気にエアと油を放出します。通常、使用されるサイレンサー（樹脂焼結体の消音器）では目詰まるため、専用のオイル捕集器（エキゾーストクリーナー）を使用します。

　このオイル捕集器の取り付けの問題は、横方向に取り付けられていることです。横方向に取り付けると、排気された油が捕集できずに漏れて、周辺に撒き散らしてしまいます。設置は縦方向に取り付けることが重要で、そのためには機器の知識が必要です。清掃を行った後、取り付けの向きを修正します。

正しくは縦方向に取り付ける

横に倒して取り付けると、周りに排気されたオイルを撒き散らす（間違った取り付け）

図1.6.2　オイル捕集器の設置状態

ここが
ポイント

- ○オイル捕集器が有効
- ○設備を見渡すと供給側を重視し、排気をおろそかにしている場合が散見
- ○機器は正しい向きや取り付けを行わないと機能を発揮しない
- ○機器の寿命低下だけではなく、周辺機器にも悪影響を及ぼす

第1章　空気圧設備の有効性と弱点　29

機器の組付状況を確認しよう

図1.6.3は中央部にシリンダを配置し、両サイドにガイドロットを設けてシリンダ動作をサポートする機構を示します。

ナットには、緩みを確認するためにマーキングがしてあります。ナットの緩みが発生するとガイドロットに負荷が発生し、シリンダのロッドパッキンの摩耗にも影響します。点検の際にはナットの緩み、シリンダロッドやガイドロッドの摩耗も確認します。

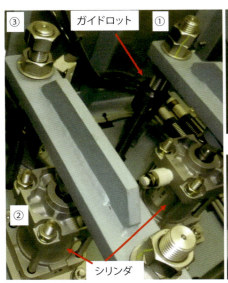

①ダブルナットの固定

②シリンダの固定

2段目ナットの緩み
1段目ナット
③ダブルナットの緩み（異常）

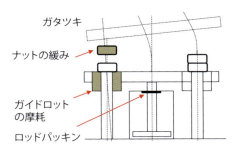

ロッドパッキンからのエア漏れ

図1.6.3　ナットの緩み状況

ここがポイント
○マーキングのずれを確認して、振動によるねじ部の緩みを判断
○パネル内の機器は、定期的にねじの緩みやエア排気による汚れを点検

ダブルナットの締め方を確認しよう

　ダブルナットは、ナットを二重にしてボルトに締めつけるのではなく、正しくはナット同士で緩まなくします。締め方が間違っていると、振動で緩むことがあります。図1.6.4に締め方を記します。

①1段目のナットはベース面固定用。ボルトと1段目のナットでしっかり固定する

②次に2段目のナットを締めていき、1段目のナットに接触させて締めつける。ここで終わらせてはいけない

③1段目のナットにスパナをかけ、2つのナットを互いに締め合う作業を必ず実施（1段目のスパナは左回り、2段目のスパナは右回り）

①1段目のナットはベース面固定用
1段目のナットでボルトをしっかり固定する

②2段目のナットを締める

③1段目のスパナは左回り、2段目のスパナは右回りに回す

ダブルナットの作業にはスパナが2つ必要

「薄口のスパナ」を1つ用意すると、1段目（下側のナット）がつかみやすくて便利

図1.6.4　ダブルナットの締め方

ここがポイント
○スパナの固定・可動側は回転方向によって向きが違う
○ローラーを指で押さえると、しっかり固定できる
○ダブルナットは2つのナットを互いに締め合う作業を必ず行う

第1章　空気圧設備の有効性と弱点

Column1 配管の色や制御機器に名称を記載して役目を見える化

配管の色を合わせておくとエアの流れを判断できる

　配管を外す際、高圧化された配管をむやみに外すことは危険です。供給側と排気側の配管色を決めておくと、配管のエア漏れなどに早期対応ができます。またメンテナンス時などに、誤って供給側のエア配管を外すなどの危険防止になります。

電磁弁に出力側の機器名称（シリンダ）を記載する

　回路図を見ながら機器の点検作業を行うのは大変です。マニホールド化された配管は入り組んでいるため、配管と電磁弁の接続経路がわかりにくくなっています。そこで、電磁弁の名称や番号を記載し、誤動作防止に役立てます。

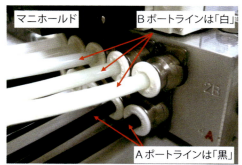

＜電磁弁に接続したエア配管の色を変える＞

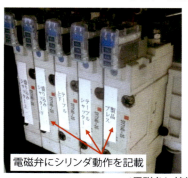

＜電磁弁に接続機器の名称を記載する＞

ひとりで全部できる
カラー版 空気圧設備の保全

第 2 章

空気圧
システムの
構成を知る

2･1 空気圧システムの全体像を把握しよう

　エアガンによる吹き付け作業（エアブロー）を構成する数点の機器であれば、回路図を描かなくても全体像は把握できます。しかし、工作機械などに配置されたエア機器類は機種も多く、特にシステム内部に配置されると全体像がとらえにくくなります。

　コンプレッサから最終端で仕事をするシリンダまでいろいろな機器を組み合わせて、ラインは構成されています。そこで機器の配置を理解し、エアの流れや回路図を読めるようになると、点検すべき箇所や消耗機器の把握（交換時期）などにも対応できます。以下に代表的な空気圧ラインの構成と機器の名称、役割、図記号を確認します。

生産現場で活用する機器の構成と回路図を確認しよう

　システムの構成は、供給側と消費側に分かれます。**図2.1.1**にエアシステムの構成図を示します。

　供給側（①〜⑤）の機器は、動力源のコンプレッサで圧縮空気をつくり、鋼配管を通してエアを工場全体に伝達します。機器の多くは外部に保守委託する場合が多く、保全担当者はコンプレッサの場所を知っていたとしても、圧力設定値を把握していない場合があります。

　消費側（⑥〜⑮）の機器は、空気の質の管理や駆動機器への制御を行います。異物による出力部への影響を最終的になくし、円滑に動作させる役割を担っています。保全担当者は「消費側」を主に担当します。

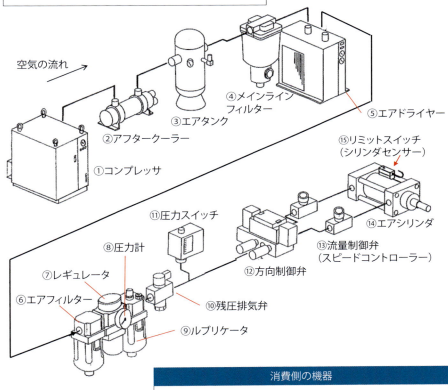

図2.1.1　エアシステムの構成図

第2章　空気圧システムの構成を知る

空気圧回路の図記号が示す意味を確認しよう

　空気圧および油圧システムに関する主な用語や図記号は、JIS（日本工業規格）に定められています。空気圧メーカーもそれに準じてカタログや機器に記載しています。

　外観に違いが見当たらない機器であっても、機能が違うものがあります。種類が多い空気圧機器のすべてを理解することは困難ですが、図に描かれた記号と、その動きを把握することができれば、システムをより理解することが可能です。

　図2.1.2にエアシステムの構成図を示します。図記号の主な特徴を以下に記します。

　　◇動力源のコンプレッサはエアを利用するため△で示される。油圧は▲で示す

　　◇配管ラインは実線で示し、ユニット化された機器は四角い破線で囲む。⑥〜⑨に示すフィルターF・レギュレータR・ルブリケータLを、F・R・Lユニットと呼ぶ

　　◇方向制御弁やレギュレータは動作切り換え前（原位置）で示す

機器には必ず入口と出口が決められている

　機器にはそれぞれ空気を流す方向が決められています。図2.1.3に、機器に記載された空気の流れを示す図記号と配置を示します。

　逆向きや異なる接続口に取り付けるとエア漏れを発生し、機能を果たすことができません。エアの入口（供給）と出口（排出）を確認します。

　　◇入口（1次側）を示す記号：「P」「1」「矢印⇦」「IN」

　　◇出口（2次側）を示す記号：「A」「B」「2」「OUT」

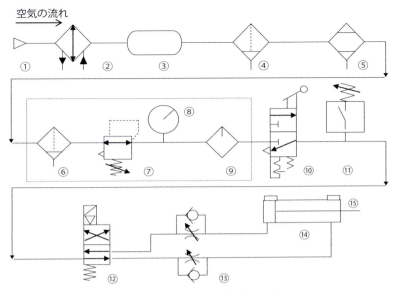

図2.1.2 エアシステムの回路図記号

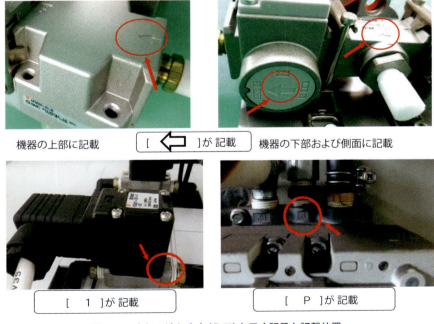

図2.1.3 空気の流れ方向(入口)を示す記号と記載位置

2·2 出力部に配置される 圧力と流量の違い

　製品の仕様に応じて調整する機器の多くは、圧力と流量の2点です。それぞれの特性とシリンダ動作に与える影響を確認します。

圧力を制御するレギュレータ

(1) なぜ圧力を調整する必要があるのか

　コンプレッサから送られてくる圧力（1次側）は他のラインにも供給されているため、圧力変動が大きくなります。この不安定なエアを出力側に使用すると、ワークや治具の動作に影響を与えてしまいます。しかし、製品や使用目的に応じて、それぞれにコンプレッサを用意するわけにはいきません。そこで、一台のコンプレッサで使用目的に応じて圧力を変更し、安定したエア圧力を制御する機器がレギュレータ（減圧弁）です。

(2) レギュレータは2次側圧力を示す

　レギュレータは供給配管側の高い圧縮空気（1次側）を減圧して、駆動機器に必要な設定圧力（2次側）に調整します。そのため、レギュレータには2次側の圧力を示す表示計が取り付けられています（**図2.2.1**）。

　図2.2.2に1次側圧力（コンプレッサ圧0.7MPa）を2次側レギュレータで減圧（0.4 MPaと0.6MPa）させて、製品をプレスさせた状態を示します。圧力の違いが製品の曲げ角度として表れます。

(3) 圧力調整を行うタイミング

　図2.2.3に掲げたように、シリンダのピストンロッド稼働中は正確な圧力は判断できません（図2.2.3(a)）。ピストンロッドが前進端（または後退端）に達し、ほかにエアの逃げ場がなくなったときに設定圧が得られます（図2.2.3(b)）。圧力調整はこの段階で行います。

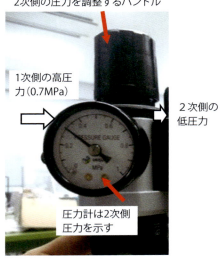

図2.2.1　圧力計は2次側圧力を示す

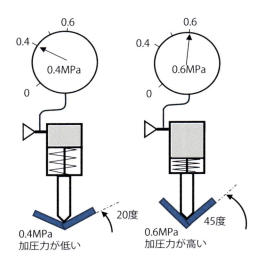

図2.2.2　圧力設定による製品への影響

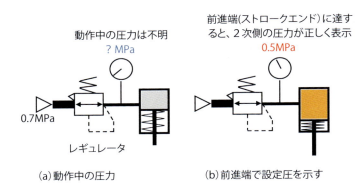

(a) 動作中の圧力　　(b) 前進端で設定圧を示す

図2.2.3　シリンダ動作中の圧力

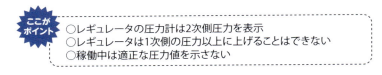

第2章　空気圧システムの構成を知る

空気流量を制御する流量調整弁
(1) なぜ流量を調整するとシリンダ速度が変わるのか
　水道の蛇口の開閉量（絞り）を調整することによって、流量（L/minまたはm/min^3）を調整できるように、空気の流量を調整するものが流量制御弁です。

　ピストンロッドの前進、後退速度を調整する場合には、それぞれに流量制御弁が必要となります。ピストンロッドの動作速度が変化することから、速度制御弁（スピードコントローラーまたはスピコン）と呼ばれます。

　流量制御弁は流量を絞ることで、速度を安定して遅くする（下げる）ために使用します。したがって、ピストンロッドの動作速度を早く稼働させたければ、流量調整弁は不要となります。

(2) 絞り量とピストンロッド動作速度
　図2.2.4に絞り量の違いによる、ピストンロッド動作速度を示します。絞りがなければ（①）速く動作し、絞り量が増えれば（②、③）わずかずつしかエアが供給されず、ピストンロッドの動きは遅くなります。

(3) 流量調整弁使用上の注意点
　注意すべきは速く稼働させると、前進端（後退端）で加速度による衝撃が発生します。図2.2.5に示したように、特にカシメ加工されているシリンダ（図2.2.5(a)）は、衝撃によってカシメ部が損傷し、エア漏れにつながります。むやみに速度を上げることは危険です。

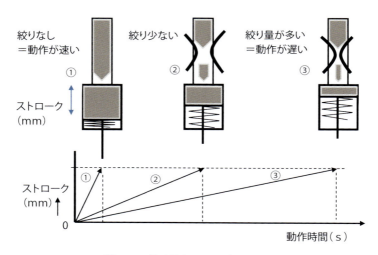

図2.2.4　絞り量とシリンダの速度変化

(4) 速度調整のポイント

　搬送工程では、搬送機に荷重を載せた状態において、既定の速度を調整します（図2.2.5(b)）。ただし前進端（後退端）では、加速度による衝撃力は搬送荷重の影響を受けやすくなります。

　またピストンロッドを、前進時はゆっくり搬送させ、後退時は早く戻すときは、流量調整弁はシリンダの片側に取り付けます。

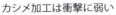

(a) 耐衝撃性は機種により異なる

(b) 最大負荷における衝撃力を判断する

図2.2.5　動作速度と衝撃力の関係

○流量制御弁は、速度を安定して遅くするために使用
○シリンダをむやみに速く動作させること、加速度の影響によって機器を破損させる

第 2 章　空気圧システムの構成を知る　㊶

2・3 シリンダの動きは方向制御弁の種類によって異なる

　制御弁（方向制御弁）は内部の主弁（スプール）の切り換えによって、空気の流れを制御します。機器内部の切り換え状態は、図記号を見て頭の中で判断するため少し厄介です。以下に、それぞれの方向制御弁の種類と図記号、動作についてタイミングチャートを用いて確認します。

制御弁の種類と動きを確認しよう

　空気の動作は「流す」「止める」「排気する」の３つの要素を組み合わせて構成されます（ポートと呼ぶ）。それぞれを四角いブロックで示し（位置と呼ぶ）、組み合わせて使用します。図2.3.1にポートと位置を示します。

(1) ２ポート２位置弁

　図2.3.2に２ポート {P（供給）、A（出力）}、２位置弁 {流す、止める} を示します。用途はエアガン（エアブロー）や空気の一時的な遮断、エアタンクへの供給に使用されます。

(2) ３ポート２位置弁

　図2.3.3に３ポート {P（供給）、A（出力）、E（排気）}、２位置弁 {流す、止めて排気する} を示します。用途は単ロッドシリンダ（片側にばねがあるタイプ）に使用されます。

(3) ２ポート２位置弁と２ポート３位置弁にはN・CとN・Oがある

　切り換え信号が入力されるまでは常時閉じているN・C（ノーマルクローズ）と、常時開いているN・O（ノーマルオープン）があります。

　エアガンは常時エアを遮断し、レバーを引く（制御弁に信号を入れる）とエアを吐出するため、N・Cタイプとなります。N・CとN・Oの選定は、設計者（ユーザー）が行うのが通常です。

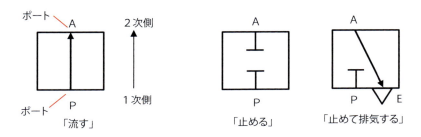

図2.3.1 ポートと位置

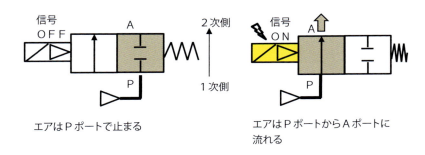

図2.3.2 2ポート2位置弁（N・C）

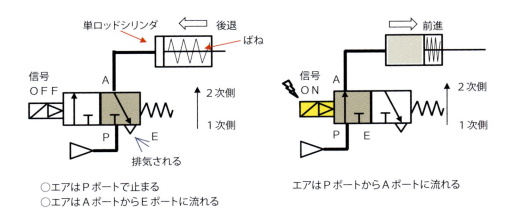

図2.3.3 3ポート2位置弁（N・C）

4ポート2位置弁はシングルタイプとダブルタイプがある
(1) シングルタイプの有効性

図2.3.4に4ポート{P（供給）、AとB（出力）、E（排気）}、2位置弁（ピストンロッド前進、後退）を示します。右側のブロックに切り換えるとピストンロッドは後退し、左側のブロックに切り換えると前進します。2ポート、3ポートで示したN・CやN・Oはありません。

シングルタイプの電磁弁は1つで、片側にばねがあります。電磁弁への信号が通電時（ON）のみ、切り換わり状態を維持します。非通電時（OFF）では、ばねの作用を受けて原位置に復帰します。

用途としては、複動形シリンダ（ばねは内蔵されていない）を用いて工作機械の主軸（工具交換）への使用が挙げられます。工具交換時は通電させてクランプを解除（アンクランプ）し、非通電時に工具をクランプ（保持）します。もし加工中に停電が発生しても、シングルバルブと配管の組み換えによってクランプ力は解除されないため、安全側に作用させたいときに有効です。ただし配管が逆では、停電時にクランプが解除されて危険です。

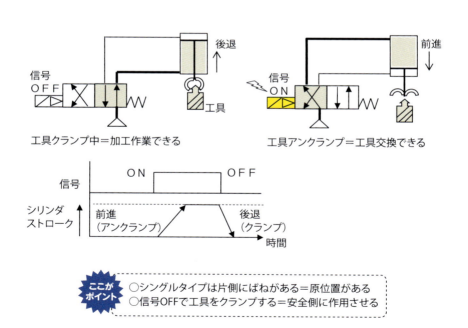

ここがポイント
○シングルタイプは片側にばねがある＝原位置がある
○信号OFFで工具をクランプする＝安全側に作用させる

図2.3.4　シングルタイプの電磁弁の使い方

(2) ダブルタイプの有効性

　ダブルタイプの電磁弁は2つあり、原位置はありません（図2.3.5）。したがって、電磁弁への信号を短時間（瞬間的）に通電し、切り換わり状態を維持します。

　電磁弁の位置を切り換えるには、もう一方の電磁弁に信号を短時間（瞬間的）に通電します。両方の電磁弁に同時に信号を入れると電磁弁が焼損するため、**インターロックによる誤動作防止処置が必要です**。

　用途としては、材料の保持などに使用されます。加工物をクランプしてドリル加工する場合、ダブルタイプは動作中に電源遮断してもストロークエンドで停止状態を維持します。これをシングルタイプで行うと、停電によってクランプ力が解除されて危険です。

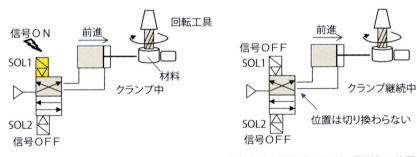

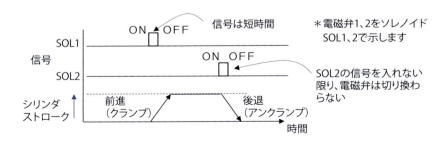

図2.3.5　ダブルタイプの電磁弁の使い方

第2章　空気圧システムの構成を知る

②④ 差が出る配管の取り回し

　コンプレッサから吐出された圧縮空気は、工場の隅々までエアを供給させなければいけません。工場内を見渡すと、鋼配管や軟質材（ウレタンなど）配管が使用されています。圧力損失を少なくする配管の施工と、見直しが必要な配管を確認します。

工場で使用されるエアラインの構成と配管経路を見てみよう

(1) 末端の圧力確保がカギ

　コンプレッサ（エア源）から一本の主配管を通してラインに分岐した施工を、図2.4.1に示します。このような施工の下で、エア駆動機器やエアガン（エアブロー）を同時に使用すると、末端のエア駆動機器が圧力不足による動作不具合を起こすことがあります。

　圧力不足への対策として、末端にエアタンク（レシーバータンク）を増設することが有効です。

(2) エアの配管経路はループされている

　圧力変動を低くするために、主配管をループ状（循環）にした施工を図2.4.2に示します。局所的にエアを消費する場所が発生しても、エアを均一に分布（ループ状①）することで、末端のエア機器の動作不具合を防ぐことが可能です。

　また、水分を含んだ空気は外部環境によって冷却され、結露によってドレンが発生します。配管内部に溜まったドレンを適切に取り除くために、空気の流れる方向に1mにつき1cm程度の傾斜をつけて（②）、末端のドレン排出弁（③）を設けて異物を除去します。

　機器に接続する場合は、主配管からのドレンの流入を防ぐために、立ち上げ配管（④）からエアを取り出します。

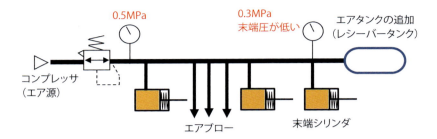

図2.4.1 末端圧力を確保する課題

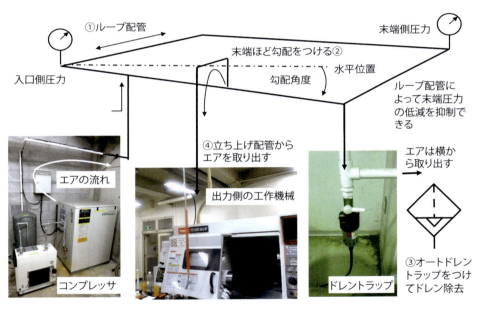

図2.4.2 工場の配管施工例

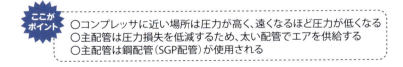

○コンプレッサに近い場所は圧力が高く、遠くなるほど圧力が低くなる
○主配管は圧力損失を低減するため、太い配管でエアを供給する
○主配管は鋼配管（SGP配管）が使用される

鋼配管の呼び径を確認しよう

エア配管は外形と内径が配管に印字されていますが、鋼配管は外形や内径寸法を記載していません。配管の外径寸法を表現するのには「呼び径」（呼称口径）という方法が用いられ、A, Bの2通りがあります（表2.4.1）。

A呼称（エーこしょう）：寸法体系：ミリメートル系
B呼称（ビーこしょう）：寸法体系：インチ系
＊B呼称の場合は、分数表記サイズもあります

図2.4.3にノギスを用いて、鋼管の外形寸法を計測した結果を示します。計測値に近い値のサイズを表に照らし合わせて選定します。鋼管の外形27.2mmではB呼称の3/4B、またはA呼称の20Aを示します。

鋼配管とエア配管の使われ方は違う

鋼配管は設備の立ち上げ当初に施工されることが多く、実務で施工されるこ

表2.4.1　鋼管の呼び寸法

| 呼び径 || JIS | 呼び径 || JIS |
B	A	mm	B	A	mm
1/8	6	10.5	1	25	34.0
1/4	8	13.8	1・1/4	32	42.7
3/8	10	17.3	1・1/2	40	48.6
1/2	15	21.7	2	50	60.5
3/4	20	27.2	:	:	:

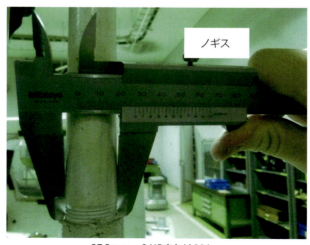

27.2mm＝3/4Bまたは20A
図2.4.3　ノギスを用いた鋼管の外形測定

とは少ないでしょう。一方、設備内部は駆動機器が配置され入り組んでいるために、エア配管が多く使用されます。

　注意すべきは、エア配管の取り回しの長さです。電気配線は機器を取り付ける支柱などに綺麗に取り回されているのを見かけます。これにならってエア配管も同様に施工してはいけません。

　図2.4.4に配管の長さ（L）と有効断面積（S）を示します。配管内径φ4mm（外形φ6）の実質断面積は12.6mm^{2}です。

　表より配管長さ（L）が2mでは、有効断面積（S）は4.5mm^{2}を示します。したがって、実質断面積の約65%の有効径が見かけ上で小さくなったことを示します。

　これは配管の長さを長くすることで、空気の流れ難さを示しています。内壁摩擦などがその原因です。図2.4.5に制御弁からの長い配管を示します。配管を短く切断して、出力側（シリンダ）の近くに取り付けを検討すべきです。

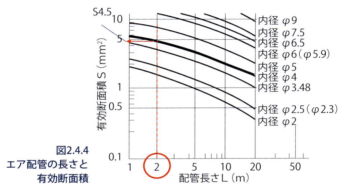

図2.4.4 エア配管の長さと有効断面積

図2.4.5 エア配管の取り回し

> **ここがポイント**
> ○配管は細く長いと流量・圧力に影響を及ぼす結果、出力機器（シリンダ）の動作遅れにつながる

第2章　空気圧システムの構成を知る　49

2·5 コンプレッサとレシーバータンクの連携

　コンプレッサにトラブルが発生して停止することがあれば、ライン全体に影響を及ぼします。そこで工場では通常、予備を含めて複数台稼働できる体制が整っています。

　また、コンプレッサは動力部とタンクが一体で構成されていますが、これとは別に容量の大きなタンク（レシーバータンク）も設置されています。コンプレッサとレシーバータンクの活用について、本節で確認します。

コンプレッサの容量を確認しよう
(1) コンプレッサのサイズによって設備が動かなくなる

　設備を増設するときは必要な電源容量が確保できるか、取り回しの安全性などについて検討されます。しかし、空気圧設備ではコンプレッサを保有しているため、設備の増設は可能と判断しがちです。

　その結果、設備側で使用されるエアの消費量をまかないきれず、コンプレッサを新規に追加することとなり、思わぬ出費を経験したことがあるのではないでしょうか。このようなことが起きないように、設備に使用するコンプレッサの能力（動力：kW、吐出圧力：MPa、吐出流量：L/min）に関して、ある程度把握しておく必要があります。

(2) ベビコンでは生産ラインをまかなえない

　コンプレッサ1台でどれだけの設備を同時に取り扱うことができるかは、設備の稼働状況によって変わります。現状の生産設備においてエア供給不足が頻繁に発生する場合は、コンプレッサの増設もしくは能力の大きいタイプに置き換えることも検討すべきです。

　図2.5.1に小型のレシプロタイプ（ベビコン）と中型のスクリュータイプ（パッケージ）を示します。コンプレッサは一般的に0.7MPa以上の圧力をつくり出します。サイズの違いはコンプレッサの使用動力と（kW）と吐出量（L/min）です。

　小型のレシプロタイプ（ベビコン）は吐出量が少ないために、工場全体のエアをまかなう能力はありません。エアガンによる吹き付けや簡易的な塗装などに適用されます。

小型：0.2kW
圧力：0.7MPa　　　吐出量：24L/min

中型：7.5kW
圧力：0.83MPa　　　吐出量：840L/min

図2.5.1　コンプレッササイズと能力

第 2 章　空気圧システムの構成を知る

エア使用に当たっては出力側の機器のほか、途中の配管内部に十分な空気を供給（確保）できなければ、設備を安定して稼働させることはできません。図2.5.2に中型コンプレッサ2台とタンクの配置を示します。工作機械の増設に伴い、1台コンプレッサを追加して動作の安定性を確保しています。

コンプレッサの保護にタンクは欠かせない

　エアの消費量が多い割にコンプレッサ容量が少ないと、モータの起動と停止が常に起きる症状が起きます。これをモータの**インチング**と呼びます。インチング現象が長く続くと、コンプレッサに負荷がかかり故障しやすくなります。

　インチングを防止するためには、レシーバータンク（空気タンク）が必要です。レシーバータンクは一時的に圧縮空気を蓄え、圧力変動（脈動）を抑制します。また、エアを急激に必要となるときのバッファー（緩衝）となり、圧力低下を最小限に抑えます。

タンク容量を選定する目安

　レシーバータンクの容量は、メーカーに問い合わせることである程度の算出をしてくれます。一般的な選定の考えを以下に記します。
　〇レシプロコンプレッサ使用の場合
　　吐出空気量の25％くらいのタンク容量を選定します。

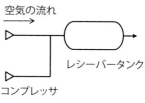

図2.5.2　中型コンプレッサ2台とレシーバータンクの設置

○スクロールコンプレッサまたはスクリューコンプレッサ使用の場合
　吐出空気量の15～20%くらいのタンク容量を選定します。
　仮にレシプロコンプレッサ（吐出量1,000L/min）では、
　1,000L/min（吐出量）× 0.25（25%）＝ 250L
と計算でき、250L以上の容量の空気タンクを用意します。

　一方、むやみに大きなレシーバータンクは、エアを充填させるまでコンプレッサが稼働することになります。使用される設備のエア使用量を判断し、コンプレッササイズとレシーバータンク容量を検討することが必要です。

　材料加工現場では、工具交換と切りくず除去のために吹き付け作業（エアブロー）が行われます。したがって、常時エアを消費しているわけではないため、エアを使用しない間はコンプレッサを休ませることができ、タンクへの蓄圧もできます。

　コンプレッサとタンクをうまく利用することで、電力費の削減効果も期待できます。**表2.5.1**にコンプレッサに適する容量（参考）を示します。

表2.5.1　コンプレッサに適するタンク容量

コンプレッサ出力(kW)	タンク容量(L)
2.2～3.7	30～100
5.5～7.5	100～200
11.0～15.0	200～400
22	400～600
37	600～1,000
55	1,000～1,500
75	1,500～3,000

○ベビコンはタンク容量が少なく、間欠的にエアを消費する場合のみに用いる
○常時稼働しているようでは使用が不適切
○負荷をかけ過ぎると動作部のモータが動作不良を起こす。休ませながら使用することで寿命を延ばすことが可能
○コンプレッサでインチング現象が続く場合は、接続機器や配管のエア漏れの原因が考えられる

第2章　空気圧システムの構成を知る

2・6 アフタークーラーとエアドライヤーの併用で99%の水分を除去できる

　コンプレッサは大気に含まれる水分を吸い込みます。この水分（ドレン）は、エアタンクや配管などで冷やされていく過程で多量に発生するため、ラインフィルターなどで十分に取り除くことはできません。水分を強制的に除去するためのアフタークーラーとエアドライヤーについて確認します。

アフタークーラーは温度を下げてドレンを除去する

　水分を含んだエアは錆びを発生させ、シリンダや各種機械などに影響を及ぼします（図2.6.1）。そこで水分を効率良く除去させるために、強制的に冷却（40℃以下）して水蒸気を水滴に置き換えます。これにより、空気中に含まれる水分の約80%を分離除去できます（図2.6.2）。

　また、コンプレッサによって圧縮された空気は、100℃を超える高温となります。このままの空気を吐出するとエア配管やゴム製パッキンが劣化して固くなり、十分な機能を果たせなくなります。こうして2次側の機器の保護のために、コンプレッサの直後にアフタークーラーを設置して温度を下げるのです（図2.6.3）。

エアドライヤーがあるとドレン分離の効果が高い

　アフタークーラーで取り切れなかった残りの水蒸気（水分）は、鋼配管を通る過程でさらに冷却され、ドレンとして排出されます。特に末端で使用される塗装工程や精密測定機器では、より乾燥した空気の質が求められます。

　図2.6.4に示すエアドライヤーは、エアの除湿（水蒸気の処理）を目的として乾燥した空気状態（水分除去率99%）をつくり出すことができます。近年は、レシプロコンプレッサより吐出温度が低く効率の高いスクリューコンプレッサが多くなり、アフタークーラーを内蔵したエアドライヤーが使用されるようになりました。

図2.6.1　機器内部の錆び

　○接続鋼管内部は錆びていて、ワイヤブラシで擦っても除去できない
　○錆びは配管を伝って、機器の動作不良に影響

図2.6.2　温度によるドレン量の変化

　○容器を冷却すると、多量のドレンを排出
　○夏場は特にコンプレッサがトラブルを起こしやすい

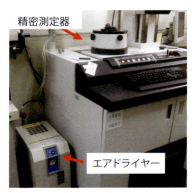

図2.6.3　エアドライヤー1台で設備全体をまかなう　　図2.6.4　精密機器には専用にエアドライヤーを設置

第2章　空気圧システムの構成を知る　　55

膜式ドライヤーの特徴を知ろう

電源不要でラインの機器に直接取り付けることができる、高分子膜を使用した膜式ドライヤーがあります。特にラインを分けていて、部分的に乾燥した圧縮空気にしたい場合に適します。

膜式ドライヤーの基本的な使用方法としては、冷凍式ドライヤーと併せて使うことが最も効果的です。ゴミやオイルが混じると除湿能力が低下するため、必ず膜式ドライヤーの前にラインフィルターとミストフィルターを取り付けます。図2.6.5に加工機に使用された膜式ドライヤーの設置状態を示します。

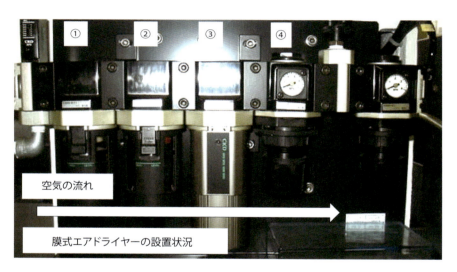

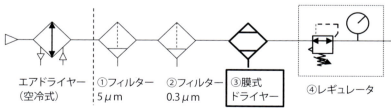

図2.6.5　膜式エアドライヤーの回路構成

エアドライヤーを先行運転する

　エアドライヤーには、蒸発温度計と圧力計が付属されます（小型は蒸発温度計のみの付属が多い）。蒸発温度計は冷媒低圧側の温度を表示します。エアドライヤー運転時に、蒸発温度計の表示がグリーンゾーンの範囲内であれば、エアドライヤーが正常に稼働していることを示します（図2.6.6）。

　エアドライヤー付属のコンプレッサの場合、エアドライヤーを先行して起動させます。エアドライヤーの機能が安定するまで約10分程度かかります。この安定していない状態で、コンプレッサを起動させてはいけません。エアドライヤーの機能が安定せず、吐出空気中に水分が含まれてしまいます。エアドライヤーの安定稼働を確認してから、コンプレッサを運転させましょう。

　設置環境が悪いと蒸発温度計の指示がグリーンゾーンより高く示し、冷凍機の停止（ON／OFFを繰り返す）につながります。

＊蒸発温度計：冷媒圧力を冷媒温度に換算し、蒸発温度として表示する計器（エアドライヤーにはフロン溶媒が封入され、エアドライヤー運転時に圧力がゼロの場合はガス漏れ状態となる）。

(a) 停止中は、グリーンゾーンから外れている

(b) 起動中は、蒸発圧力計（EVAP.PRESSURE）がグリーンゾーンの範囲内であれば、正常圧力を示す

図2.6.6　ドライヤーの動作確認

○ドライヤーの機能が安定しなければ吐出空気中に水分が混入する
○機器の操作（運転手順）を確認し、清浄な空気を2次側に送る

第2章　空気圧システムの構成を知る

Column2　継手の呼び方と取り扱い

　管用継手はテーパ形状であるため、メートルねじのように外観寸法をノギスで計測しても判断しにくいものです（①）。サイズは一番小さいもので1/8インチまたは1分（いちぶ）と呼びます。実際に寸法を計測してもインチサイズにはなっていません（1インチ＝25.4mm）。継手のサイズは、見本表などを作成しておくと大きさを判断できるようになります

　制御弁に継手を取り付けるとき、高圧エアが供給されるPポート（②）はエア漏れしない程度に、スパナなどを用いて確実に締めつけます。一方、サイレンサーなどを取り付ける排気側（③）はエアを放出するため、供給側ほどの締め付け力は必要なく、継手にシールテープは巻かずに手で締めつけます。配管のねじれやエア漏れに影響するため、継手にエア配管を挿入した状態で締めつけてはいけません（④）。機器は要素部品の集合体です。正しく機器を取り扱いましょう。

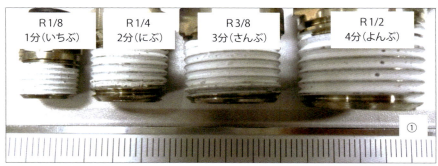

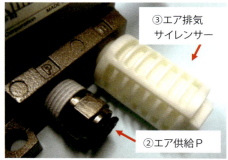

ひとりで全部できる
カラー版 空気圧設備の保全

第3章

機器の点検ポイントを把握して正常と異常を判断する

3.1 調整しやすい駆動機器は異常に気づきにくい

空気圧機器の異常に気づかない理由

エアシリンダは取付誤差によるロッドの曲がりや、パッキンの劣化などによって動きが悪くなっても、動作速度の遅れ（動きの鈍さ）として表れるだけで、停止までには至りません（電動シリンダのように制御側では受信しません）。

このようなとき、生産に追われて圧力や流量を調整して作業を続けると、シリンダに負荷が作用したままとなり、気がつけばシリンダの寿命限界まで達してしまいます。一度設定したものを調整する場合は、機器への影響を考える必要があります。

(1) 圧力調整による不具合

図3.1.1に、溶接工程で使用されるクランプシリンダを示します。

図3.1.1　溶接工程で使用されるクランプシリンダ

溶接中の材料は、溶接熱による変形（材料のひずみ）が発生するため、しっかり把持しておく必要があります。現場ではクランプ力が低下し、溶接不良が多発したことから、初期圧力値0.4MPaから徐々に圧力を上げて作業を行っていました。
　しかし、0.6MPaに調整した段階で機構部に負荷が蓄積し、開閉機構が破損しました。設定値を超える負荷が作用したことが原因です。

(2) 流量調整による不具合

　図3.1.2に材料を把持し、180度揺動回転させるシステムを示します。流量調整弁を操作し、回転速度を上げた結果、回転端（0、180度）でバウンドする現象が発生しました。
　この状態のまま作業を続けた結果、回転端のリミットスイッチ（シリンダスイッチ）の検出位置のずれが頻発し、設備停止に至りました。機器を分解したところ、主軸のピニオン（小歯車）とラック双方に歯欠け・摩耗が発生していることがわかりました。回転端の衝撃を受けたことが原因です。

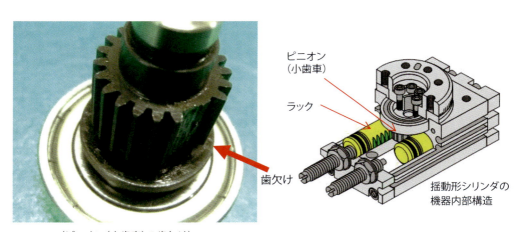

〈ピニオン（小歯車）の歯欠け〉

図3.1.2　揺動形シリンダの過負荷による損傷

ここが
ポイント

○速度上昇は、回転する軸部に過負荷として現れる
○リミットスイッチや機器の位置ずれ、ストロークエンドで発生する音に注意

点検の基礎は「見える化」すること
(1) エア配管ラインの圧力を表示灯で示す

エア配管を無理に外すと、内部のエアが放出して危険です。どの配管にどこまでエアが流れているか、目で見る管理を実現するツールとして圧力表示灯があります（図3.1.3）。配管の一部を分岐させて取り付けることができ、圧力検出は表示灯の赤い突起で判断します。

(2) 圧力計の指針の動きを確認しよう

圧力計の表示パネルには、圧力の範囲や限界値を示すものがあります。使用圧力値が範囲内であることを確認し、狂っている場合はインジケータの再調整を行います（図3.1.4）。表面のパネルを外して、△印（緑）を任意に変更できます。設定圧の圧力降下（10%）を含めて範囲を設けます（0.5MPaに設定する場合は0.45MPaの範囲とする）。

また、2色表示タイプは緑範囲が適正値、赤範囲が異常値（注意）を示します。工作機械などで使用される機器はメーカー側で圧力値を設定しているため、ユーザー側での変更は避けます。

(3) 検出機器が示す役割を確認しよう

図3.1.5に圧力スイッチを示します。圧力スイッチはエアラインの2次側圧力を検出し、設定値を下回ると圧力異常の信号を出します。設定値の範囲は［0〜0.6］MPaまで調整でき（機種別）、［0.3］MPaに設定されています。

システム内は0.4MPa供給されているため表示灯ランプ（赤）が点灯しています。したがって、2次側エア圧が0.3MPaを下回ると信号を出し、表示板に「エア圧異常」と表示させます。異常を検出しても、対処方法を知らなければ行動を起こせません。レギュレータ（減圧弁）の設定圧力を確認し、エア供給不足であれば1次側の供給状態（コンプレッサ）を確認します。

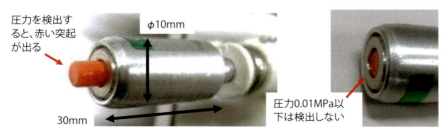

図3.1.3　エア配管ラインの圧力表示灯

範囲△-△　　　設定範囲を見直す　　　　　緑色インジケータ　　0.4～0.6MPa

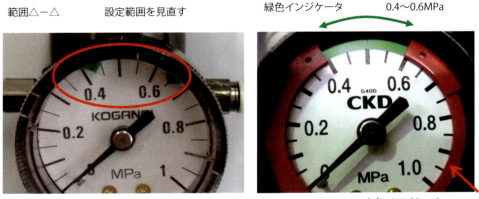

図3.1.4　圧力計

 ここがポイント
○圧力計の表面カバーケースを外すと、圧力範囲を調整できる
○圧力範囲内に指針が指していることを確認

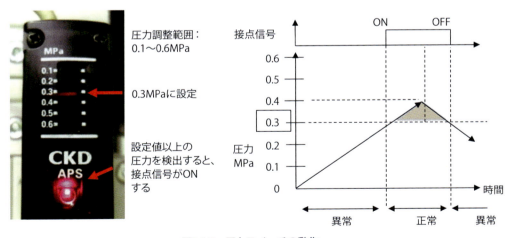

図3.1.5　圧力スイッチの動作

3·2 エア漏れが発生すると なぜ困るか

　圧縮空気に含まれるゴミ、水分、コンプレッサオイルによって、鋼配管内部には錆びが発生します。エア配管からの空気漏れはこれらの異物を撒き散らすため、食品や医療分野などでは致命的です。

　エア漏れの対処には配管や継手などの予備部品、パッキンなどの消耗部品、機器交換用工具が必要です。対応の遅れによっては、システム停止など損害が大きくなります。

圧力計を用いてラインのエア漏れを確認しよう

　工場を巡回すると、エア漏れが必ず聞こえます。しかし、設備は停止することなく稼働しているために、少しくらいのエア漏れなら問題なしと放置しがちになります。エア漏れによる配管の破裂時期は判断できません。特にコンプレッサ1台で稼働する設備では、過負荷による停止に注意が必要です。

　主配管（鋼配管）から先のエアラインは機器が入り組んでいて、エア漏れがどこで発生しているか判断できません。このようなときは圧力計を用いて、エア漏れを特定したいラインに取り付けます（**図3.2.1**）。

　はじめに遮断弁（ブロックバルブ）「開」状態での、使用圧力（0.5MPa）を把握しておきます。次に、昼休み時など設備を使用しないときに遮断弁「閉」にし、数分後のエア圧力を確認（0.2MPa）します。

　遮断弁を閉めたことで圧力が低下していれば（0.5MPa→0.2MPa）、遮断弁よりも先のラインにエア漏れがあると判断できます。

エア漏れ箇所を判断する

　継手などに石鹸水をつけて、漏れ箇所を判断する方法があります。しかし、設備の奥の配管や手の届かない狭い場所では作業しにくく、漏れ箇所が特定できない場合があります。このようなときはエア配管（1m－φ6程度）を用意して、漏れが発生しやすい箇所を中心に聴診を行います（**図3.2.2**）。

　エア配管の片側を耳に当て、もう一方を継手や機器の組付部など、エア漏れが発生しやすい箇所に当ててみてください。わずかなエア漏れでも確認できます（ゴォーゴォーと聞こえる）。

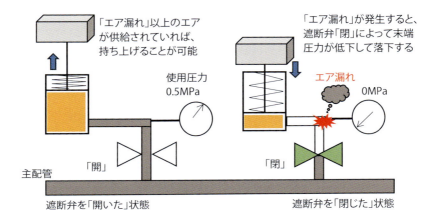

図3.2.1 圧力計を用いたエア漏れチェック法

○漏れ検査用に手動切り換え弁と圧力計を用意しておくと便利
○エア漏れは昼時など設備非稼働時の点検が有効

図3.2.2 エア配管を用いた聴診

○エア漏れ箇所を聴診する際は、エア配管（1m－φ6）程度が最適
○継手などの接続部を中心に、エア漏れ箇所を確認する

第3章 機器の点検ポイントを把握して正常と異常を判断する

エア漏れによるシステムへの影響を考えよう

(1) 錆びによるパッキンの劣化

図3.2.3に、スポット溶接の下側電極に取り付けた位置決めピンを示します。電磁弁の切り換えによって、位置決めピンは上下に可動します。

作業を行っていると時折、位置決めピンの上下作動にムラが発生し（上昇しない、下降しないなど）、溶接位置がずれるなどの問題が発生します。多点溶接の場合は1カ所の溶接不良も認められないため、原因と早期対応が求められます。

原因を調査した結果、下電極と位置決めピンの漏れ防止用のパッキン（Oリング）が劣化し、エア漏れが発生していました。またパッキンを交換した際、機器内部に多量の異物が堆積し、配管内で発生した錆びが原因であることがわかりました（図3.2.4）。この状況ではパッキンを交換しても、同様のトラブルが発生します。そこでフィルターの点検、配管ラインの見直しや交換によって異物混入を防止します。

(2) 熱による配管の劣化

食品製造ラインでは、容器のパッケージング工程において熱溶着を行います。駆動機器に使用されるシリンダや配管類は熱の影響を受けて、劣化が促進します。

シリンダの継手部では配管が黒く変色し、エア漏れが発生していました（図3.2.5）。配管の色が変色したものはその原因を突き止め、ほかのラインも見直しが必要です。配管、継手サイズを確認し、事前に準備してから交換作業を行います。

(3) 可動部に使用される配管のねじれ

図3.2.6に一定角度で揺動するシリンダを示します。電磁弁からシリンダに接続するエア配管が交差して取り付けられているため（取り回しが悪い）、常にねじれた状態で駆動しています。

配管接続時はエア圧のない状態で挿し込むため、ねじれに気づきません。特に配管が長いと、その傾向が高くなります。エアを入れる（加圧状態）と、配管はねじれを戻そうとする働き（引っ張り）が作用し、継手が緩んでエア漏れが発生します。

このようなときは配管のねじれを開放して、再度接続し直します。駆動機器の可動部に使用されるエア配管の取り回しでは、配管の交差やねじれをなくした取り付けが大切です。

図3.2.3　異物によるパッキンの劣化

図3.2.4　配管内で発生した錆び

ここがポイント
○Oリングを外したら、パッキンをはめ込む溝をウエスなどで汚れを拭き取ってから組み付ける
○錆びはワイヤブラシなどでこすると除去できるが、カプラーを接続してもエアが漏れるようなら交換する

図3.2.5　熱の影響による配管の劣化

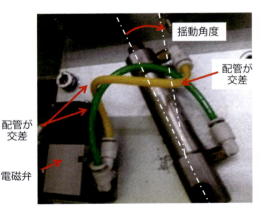

図3.2.6　配管の交差

ここがポイント
○熱源の近くや経年劣化によって配管は硬くなり劣化する
○劣化した配管は一度外すと組付はできない
○配管を外す際には、必ず配管、継手、シールテープ、工具（スパナ）を準備してから作業する
○シリンダが動くタイプ（揺動形）は、配管やリミットスイッチ（シリンダセンサー）の取り回しや干渉を確認

第3章　機器の点検ポイントを把握して正常と異常を判断する

3・3 シリンダには負荷に弱い方向がある

　シリンダは推力計算によって機器が選定され、適正な組付によって機能が保証されます。しかし、数年使用して寿命限界に達したシリンダを新品に交換したものの、数カ月で動作不具合が再発した経験があるかもしれません。このような場合はシリンダを交換しても、その原因を突き止めない限り解決は不可能です。シリンダに発生する負荷を確認して、組付上の問題点を確認します。

　図3.3.1に、ピストンロッド先端部に一定の負荷（荷重）が作用したときの、たわみの状態を示します。ピストンロッドは、前進した状態の方が曲がり（横荷重）の影響を受けやすくなります。これを座屈と呼びます。一般的に、シリンダとガイドレールを組み合わせてこの座屈を防ぎます。

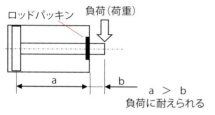
ピストンロッドが後退した状態

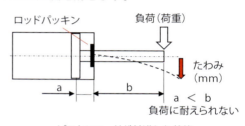
ピストンロッドが前進した状態

ピストンロッドが前進　ガイドレール

ガイドとの平行出しは難しい！

◇多少平行がずれていても、エア加圧力を高めてシリンダを無理に動かしてしまいがちで、これではシリンダが寿命以下で損傷する
◇ガイドレールとの平行度合は、低い圧力でシリンダの前進・後退を繰り返し動作させ、引っかかり状態を確認
◇シリンダやガイドレールに黒い線（油のにじみ）が出たときは平行度が出ていない証拠

図3.3.1　ピストンロッド伸縮によるたわみの影響

○平行出しミス（組付誤差）などによりピストンロッドへの負荷が発生
○ピストンロッドが前進（伸びた）状態で、ガイドレールとの平行が良好であることが理想
○ピストンロッドが前進（伸びた）状態は、外部からの負荷の影響を受けやすく、たわみが発生する

シリンダの座屈を考えよう

図3.3.2にピストンロッドの伸縮によって、一定角度を揺動する装置（リンク機構）を示します。機構上シリンダの軸心と負荷を受ける点（ピストンロッド先端部）が一致しないものは、曲げの力（モーメント）による座屈が発生しやすくなります。

座屈による負荷はロッドパッキンの摩耗を促進し、ピストンロッドにパッキンゴムが付着して引っ掛かるなど良好に可動しません（図3.3.3）。また、パッキンの摩耗はエア漏れの原因につながります。可動部では組付状態や、シリンダの固定やねじの緩みを確認します。

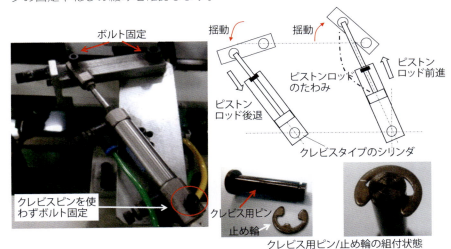

図3.3.2　ピストンロッド伸縮によるたわみの影響

図3.3.3　ピストンロッドに付着したパッキン

ここがポイント
○可動部では組付状態やシリンダの固定方法（ねじの緩み）を確認
○揺動部などにボルトで固定すると、振動の影響を受けてねじが緩む
○揺動部にはクレビス用ピンを用いて、止め輪で固定

第3章　機器の点検ポイントを把握して正常と異常を判断する

機器が受ける負荷方向に注意しよう

図3.3.4にブレーキユニットを示します。無負荷で回転するベルトを、ピストンロッド先端部で押しつけてブレーキを作用させます。このシリンダに作用する負荷を考えてみます。

シリンダに作用する力

ピストンロッドが前進して回転するベルトを押しつけると、回転方向に対する曲げの力（Z平面）①が作用します。したがって、ブレーキ作用回数と押し付け時間によって、常にロッドを曲げる力が作用します。

次にシリンダ固定板との関係を考えます。シリンダ固定板は金属の板を折り曲げて、シリンダヘッド部を固定しています。したがって、板の変形による曲げの力（X・Y平面）②が発生します。

特にシリンダ固定板の変形が大きくなれば、ピストンロッドの先端部がベルト押さえ部から外れる力③も発生します。シリンダに作用する負荷に加えて、ピストンロッド先端部とベルトの摩擦による摩耗についても、点検することが必要です。

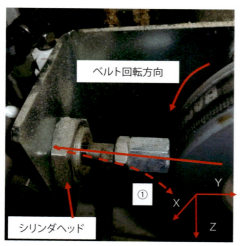 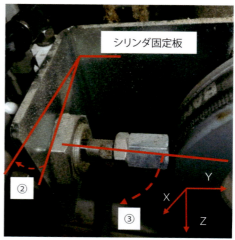

①Z方向への曲げ　　　　②板の反り　　③X・Y平面の曲げ

図3.3.4　ブレーキユニットに作用する力

オーバーハングを確認しよう

　機器の支点と負荷が作用する点の距離によって、たわみが発生します。これをオーバーハングと呼びます。オーバーハングは機器に曲げ作用（モーメント）を発生させ、動作不具合に影響します。

　図3.3.5にスライダー（テーブル）に作用する3つのモーメント（Ma、Mb、Mc）を示します。スライダーから駆動ユニットまでの距離（長さL）が長いと、曲げ作用（モーメント）は大きくなります。バランスが崩れると、スライダーを引き剥がす作用が発生し、機器本来の寿命を低下させて破損につながります（図3.3.6）。

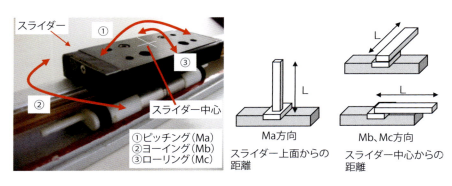

図3.3.5　ロッドレスシリンダに作用するモーメント

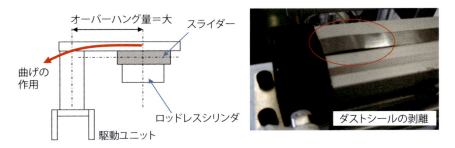

図3.3.6　オーバーハング発生によるシリンダへの負荷

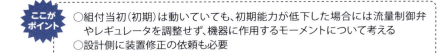

ここがポイント
○組付当初（初期）は動いていても、初期能力が低下した場合には流量制御弁やレギュレータを調整せず、機器に作用するモーメントについて考える
○設計側に装置修正の依頼も必要

3.4 シリンダ検出スイッチがずれるとシリンダは動かない

　リミットスイッチには、外部にドッグなどの接点を設けて位置を検出する**機械式接点**と、ピストンロッドにマグネット・磁石を取り付けて位置を検出する**磁気近接接点**があります。シリンダの位置を検出するリミットスイッチは、1カ所の検出不具合によっても制御システムが起動しません。取り付け上のポイント、信号検出方法を以下に確認します。

機械式接点の取付状態を確認しよう
(1) レバータイプは取付方向を間違えると折れる

　図3.4.1にレバー式切り換えスイッチを示します。回転駒（ローラー）との接点検出がしやすいように、ピストンロッド先端にはテーパ状の加工（ドッグ）を施してあります。

　機械式接点は磁気による影響は少ないものの、ドッグとスイッチの取付位置が大切です。

(2) ドッグ（テーパ部）で接点信号が入るように切り換える

　ピストンロッドが伸びた状態では、曲げの作用が発生します。これを考慮し、加圧状態で速度を調整してから接点の検出調整を行います。接点はドッグ（テーパ部）がローラーに接触したときに、信号が検出できる位置に調整します（図3.4.2）。

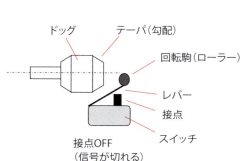
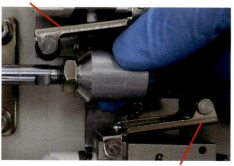

図3.4.1　取付位置の確認

スイッチの軸中心のずれ（オフセットOF）や、ピストンロッドの動作方向とレバーが逆向きに取り付けてあると、ローラーの摩耗やレバーの曲がりによる検出異常が発生します。また**図3.4.3**に示すように、ピストンロッド前進時に誤って後退端検出ドッグを過ぎると、スイッチレバーが復帰（OFF）して信号のチャタリング（多点検出）が発生します。必ず前進端検出ドッグでスイッチが切り換わるように位置調整を行います。

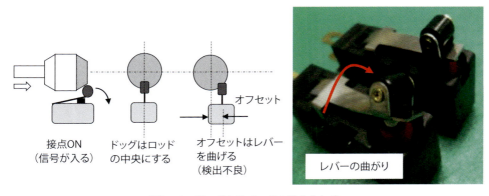

図3.4.2　ドッグとスイッチの軸心合わせ

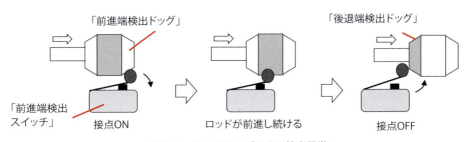

図3.4.3　チャタリングによる検出異常

○シリンダと検出スイッチの位置を合わせたら、最後は加圧状態で検出状況を確認
○ピストンロッドと検出レバーの軸心が合わないとレバーが破損する
○「前進端検出スイッチ」は「後退端検出ドッグ」に接触しないように

第3章　機器の点検ポイントを把握して正常と異常を判断する

磁気近接接点の取付状態を確認しよう

(1) 磁気近接スイッチの配線取り回しが悪いと寿命を低下させる

　磁気近接スイッチは、ピストンロッドに組み込まれたマグネット（磁石）に反応し、検出状態をランプの点灯で確認できます（図3.4.4）。スイッチ取り付けのポイントとして、付け根の局所曲がり①は熱を発生するため、取り回しに注意します。また位置を調整できるように、配線をループ②させて（ひと巻き）固定します。

　スイッチの配線とエア配管の結束③では、エア加圧状態によってスイッチの配線に無理な張力が発生します。少し余裕を持って結束します。たるんだ配線④は、シリンダの稼働によってはさみ込みます。スイッチはシリンダの溝形状に応じた専用のタイプを使用します（図3.4.5）。

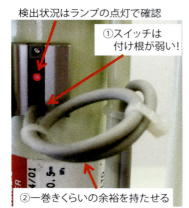
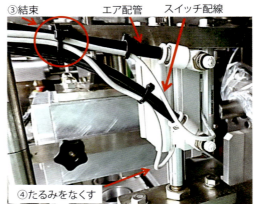

図3.4.4　磁気近接スイッチと取り回し

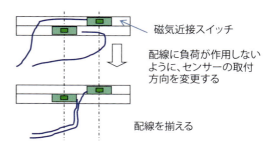

図3.4.5　磁気近接スイッチの取り付け

○スイッチは機器の稼働状況を判断してストレート、L字タイプを選択
○スイッチのランプは作業者が確認しやすい向きに取り付けることで、保全性が高まる
○配線の取り回しによってスイッチへの寿命に影響する

(2) 磁気近接スイッチの位置調整をやってみよう

　スイッチが反応（点灯）する位置であれば、どこで設定（検出）してもよいとは限りません。磁気近接スイッチは磁気に反応する範囲（5mm程度）があります。これを応差（応答の差）と呼び、最高感度位置で設定することで安定して位置を検出できます。

　図3.4.6に磁気近接スイッチの位置調整方法を示します（後退側を例に作業手順を示します）。ピストンロッドを駆動させる加圧状態で調整を行うと、スイッチの位置ずれを防止できます。

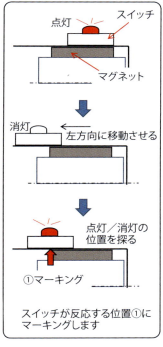

STEP1
マグネットの左端①を探す

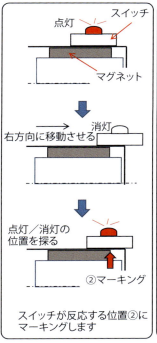

STEP2
マグネットの右端②を探す

STEP3
マグネットの中央を決める

図3.4.6　磁気近接スイッチの最適感度調整

○ピストンロッドには前進、後退検出用にスイッチが2個以上配置される
○後退側を調整したら、同様の手順で前進側も調整
○調整後は必ずスイッチを固定（ねじ止め）する

第3章　機器の点検ポイントを把握して正常と異常を判断する　75

3.5 電磁式方向制御弁の動作を確認しよう

電磁弁の通電状態を確認しよう

電磁弁は、コイルとプランジャ（可動鉄心）から構成されます（図3.5.1）。コイルに電気を通すと磁石になり、プランジャが可動します。これをソレノイド（電磁石）と呼びます。

電磁弁には使用電圧が記載されています。国内では直流（DC）12V、24Vと交流（AC）100V、200Vが使用されます。低電圧（24V）仕様のソレノイドに、高い電圧（100V）を供給させると過電流によって焼損します。逆に高電圧（100V）仕様のソレノイドに、低い電圧（24V）を供給させても安定して作動しません。

電磁弁に信号を送っても切り換えが悪いときは、ソレノイドの表示灯（ランプ）で点灯状態を確認します。機種によって表示灯がないものは、制御機器（PLC、リレー）の接点動作の確認が必要です。

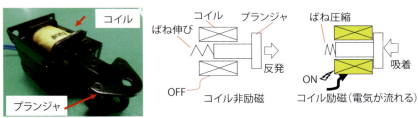

マニホールド（多連式）タイプの電磁弁

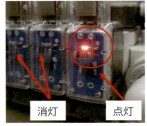
電磁弁（ソレノイド）切り換え確認

図3.5.1　電磁弁の動作

> **ここがポイント**
> ○「ランプ付き」：電磁弁の受信状態を確認できる
> ○「ランプなし」：リレーまたは制御側（PLC）での動作確認が必要

電磁弁の取付方向によって動作不具合が発生

電磁弁内部に異物が入り込むと、主弁の動作不良によってエアの切り換えが悪くなり、出力部（シリンダ）の動作にも影響を与えます。図3.5.2に電磁弁の取付方向によるトラブルを示します（排気ポートが上向き）。

エア供給Pポートから、エアが漏れて「にじみ」が確認できます。排気ポートE（R）を上向きに取り付けると、異物やドレンなどの排出がうまくできず、電磁弁の動作異常につながります。また、本体と制御弁にはパッキン（ガスケット）が組み込まれていますが、ここからも漏れが発生しやすくなります。

この状態では増し締めを行っても解決できません。電磁弁の向きを上下反転させて取り付け、パッキン（ガスケット）や継手を取り外してシールテープの巻き直しや機器の清掃を行います。

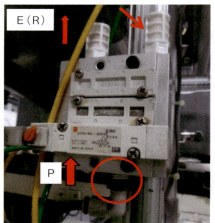
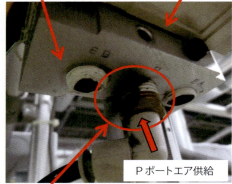

図3.5.2　電磁弁の排気ポートの向き

○異物やドレンは機器の下部に溜まりやすいため、取付方向は重要
○機器から「にじみ」が発生したら、増し締めせずにシールテープを巻き直す
○サイレンサー（消音器）は消耗品のため定期的に交換

電磁式方向制御弁の切り換え方式には直動式とパイロット式がある

　電磁弁の多くは機器の動作確認用として、手動で主弁（スプール）を切り換えることができます。ただし、切り換え作業によって出力側の機器（シリンダ）が動作するため、工作機械などの設備においては主軸に取り付けた工具の落下や、テーブル稼働によるはさみ込みなどに注意が必要です。

(1) 直動式の主弁切り換え動作

　図3.5.3に直動式シングルバルブ（5ポート2位置弁）を示します。直動式は「電気の力」のみで主弁を切り換える方式です。手動で切り換え動作を確認するときは、電気信号は不要です。規定圧力を供給した状態で、ソレノイド（電磁石）の可動部を外部から操作させます。

　操作手順としては、制御弁のカバー先端のキャップを外し、ドライバーでプランジャを押すと主弁が切り換わります（押しているときのみ切り換わる）。

(2) パイロット式の主弁切り換え動作

　図3.5.4にパイロット式シングルバルブ（5ポート2位置弁）を示します。パイロット式とは「電気の力」で小さなパイロット弁を操作し、「エアの力」で主弁（スプール）を切り換えるものです。すなわち、電気とエアの力が必要になります。「エアの力」を併用するため、直動式に比べて電磁弁（ソレノイド）を小型化（消費電力が低い）でき、安定して稼働させることができます。特に電気制御盤内部は、機器の発熱によって高温になるため、冷却ファンを別途設置しなければならなくなります。消費電力が低い機器を使用することは、設備の小型化にも寄与します。

　一方で「エアの力」を利用しているため、安定した主弁の切り換え動作を確保するには、最低作動圧力（0.2MPa機種による）以上のエアを供給する必要があります。操作手順は以下の通りです。

　1) 作動圧（0.2MPa）以上の設定圧が供給されていることを確認
　2) 切り換えボタンがレバー式のタイプは、押すとパイロット弁が切り換わる。押してひねると、パイロット弁をロック（位置保持）する。ロック（位置保持）することを自己保持と呼ぶ

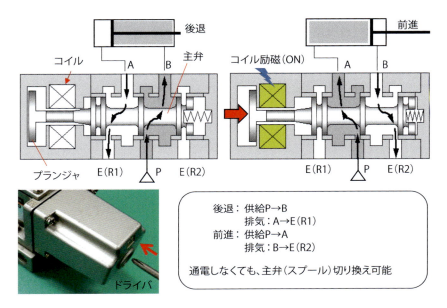

図3.5.3　直動式方向制御弁の切り換え動作

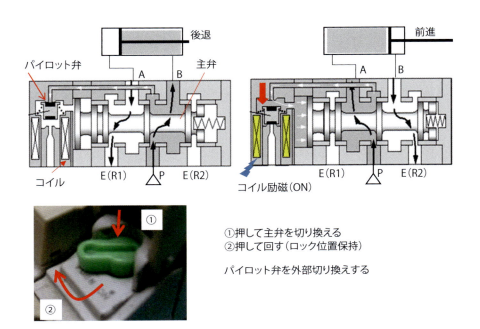

①押して主弁を切り換える
②押して回す（ロック位置保持）

パイロット弁を外部切り換えする

図3.5.4　パイロット式方向制御弁の切り換え動作

第3章　機器の点検ポイントを把握して正常と異常を判断する　79

3·6 流量制御弁はシリンダ速度を遅くさせるのが目的

　ピストンロッドの速度調整を行うには、流量制御弁は欠かせません。しかし流量制御を頻繁に行うと、初期設定からのズレが大きくなり、絞りの調整ができなくなります。ここでは、機器の取り扱いと調整方法を確認します。

流量制御弁に使われる機器を確認しよう

　図3.6.1に流量制御弁の働きを示します。流量制御弁は、空気の流れを一方向のみに流せる「チェック弁（逆流防止弁）」と、空気の流れを抑制する「絞り弁」の2つが並列に組み合わされています。

　空気の流れを確認します

◇チェック弁（逆流防止弁）：①から②に空気が流れ、②から①には流れません。

◇絞り弁：空気は両方向に流れます。空気の流れやすさは「絞り」の調整（開度）によって変わります。絞りを通すと空気の流れ（流量）は少なくなります。

(1) 流量制御弁は流す方向によって働きが異なる

　図3.6.2に流量制御弁に、空気を流す方向を変えた場合の働きを示します。

◇自由流れ：①から②に空気を流すと、絞り弁の開度を無視して、チェック弁から自由に流れます。これを自由流れと呼びます。

◇制御流れ：②から①に空気を流すと、チェック弁より先には空気は流れません。したがって、空気は絞りの開度に応じて流量が調整されます。これを制御流れと呼びます。

(2) 絞りの調整方法

　絞り弁は「調整ねじ」と「ロックナット」から構成されます（図3.6.3）。絞り調整は、必ずロックナットを緩めてから作業します。

　ロックナットが締め込まれた状態で調整ねじを無理に動かすと、ねじ山がつぶれて調整できなくなります。シリンダの動作速度を流量調整弁で調整した後は、振動によってねじが緩まないようにロックナットで固定します。

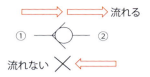
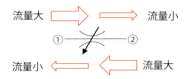

①→②は自由に流れる
②→①はエアが流れない
＜チェック弁（逆流防止弁）＞

①→②、②→①どちらにも空気は流れる
水道の蛇口と同じように、絞りを通すと流れが少なくなる
＜絞り弁＞

図 3.6.1　流量制御弁の働き

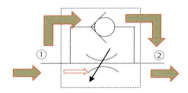
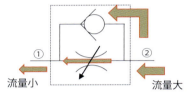

＜①から②に空気を流す＞
絞りを調整しても、エアの多くはチェック弁を通過し、絞り弁の開度を無視して自由に流れる
＜自由流れ＞

＜②から①に空気を流す＞
チェック弁から先にはエアが流れない。絞りの開度で流量が調整（制御）できる
＜制御流れ＞

図3.6.2　自由流れと制御流れ

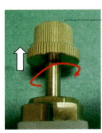

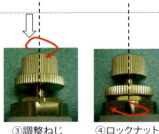

①ロックした状態
（調整ねじは固定）

②ロックナットを緩めた状態

③調整ねじで調整する

④ロックナットを締める

図3.6.3　絞りの調整方法

○ロックナットは調整ねじが動かないように固定するもの。ロックナットが締め込まれた状態で、調整ねじを無理に動かすのはやめよう
○ロックナットや調整ねじは指の力で操作できる。ペンチなどの工具類は使用しない

第 3 章　機器の点検ポイントを把握して正常と異常を判断する

流量制御弁の向きを確認しよう

　流量制御弁には、同一の配管方式のインラインタイプと、片側がおすねじになって機器（シリンダ）に直結するタイプがあります。ピストンロッドの前進、後退の両方の速度を調整する場合は、それぞれに流量制御弁を同じ向き（方向）に取り付けます（図3.6.4）。

　流量制御弁の取り付けの向きによってメータアウト制御、メータイン制御があります。それぞれの取り付けの向きと調整箇所を確認します（図3.6.5）。

(1) メータアウト（排気絞り）の制御方法をやってみよう

　ピストンロッドの前進速度調整は、ロッド側（L側）の排気する調整ねじを制御（操作）します。後退速度調整はヘッド側（H側）の排気する調整ねじを制御（操作）します（図3.6.5(a)）。

(2) メータイン（給気絞り）の制御方法をやってみよう

　ピストンロッドの前進速度調整は、ヘッド側（H側）の給気する調整ねじを制御（操作）します。後退速度調整は、ロッド側（L側）の給気する調整ねじを制御（操作）します（図3.6.5(b)）。

(3) 背圧はメータアウト制御に発生する

　メータアウト制御の排気側を絞ると、排気側の絞りの手前では、シリンダ内の圧縮された空気が高圧状態で保持されます。これを背圧（はいあつ）と呼びます。メータアウト制御では、この背圧によってピストンロッドを押し戻す力が作用し、安定した低速動作を可能とします。一方、メータインでは排気側がチェック弁を通して大気に開放しているため、背圧は発生しません（図3.6.5(c)）。

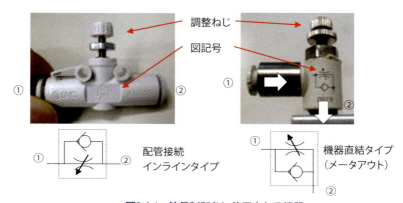

図3.6.4　流量制御弁に使用される機器

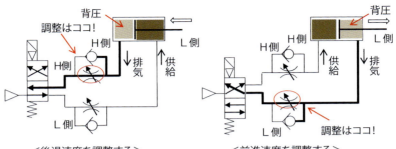

(a) メータアウト（排気側）調整の仕方

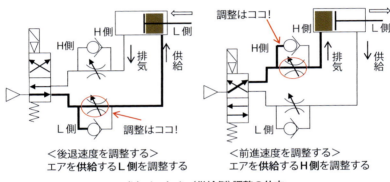

(b) メータイン（供給側）調整の仕方

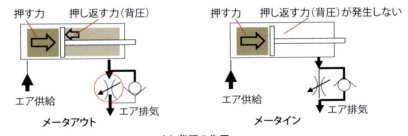

(c) 背圧の作用

図3.6.5　流量制御弁に使用される機器

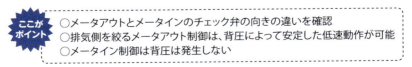

○メータアウトとメータインのチェック弁の向きの違いを確認
○排気側を絞るメータアウト制御は、背圧によって安定した低速動作が可能
○メータイン制御は背圧は発生しない

③-⑦ フィルターの目詰まり状況を確認しよう

　空気圧システムは、異物（ゴミやドレン）との戦いです。異物が増えると制御弁やシリンダの動作に影響します。フィルターを設置することにより異物をブロックしますが、目詰まると適正な流量を流すことができません。フィルターの異物によるエレメントの交換時期と、ドレン処理を確認します。

エアフィルターの構造を確認しよう

　出力側に使用されるエアフィルターの構造を**図3.7.1**に示します。フィルターの内部にはルーバー、エレメント、バッフルの3点が組み合わさり、異物（ゴミやドレン）を除去します。

　まず1次側の空気をルーバーで撹拌させて、ゴミと水分を分離させます。ドレン（水分）は容器の下部に溜まり、傘状のバッフルによって巻き上げを防ぎます。

　ゴミはエレメントで捕獲されます（**図3.7.2**）。円筒状のエレメントはゴミを目の粗い外側で捕集し、内側を通って正常な空気のみを2次側に送ります。エレメントの内側は外側に比べて細かい網目構造をしているため、エレメントを交換せずに使用し続けると空気の流れを阻害し、適正な流量を供給できなくなります。

　初期に取り付けしたときは白いエレメントも、汚染によって色が変色します。ケースの外側からフィルターの内部を覗き込み、エレメントが汚れているようであれば交換します。

フィルターは使用箇所に応じてろ過度が違う

　エレメントの目の細かさを**ろ過度**（μm）で示します。エアフィルターにはろ過度5μmが使用され、精密機器や測定器などではマイクロフィルター（ろ過度0.3μm）や油分除去を目的としたオイルミストフィルターなどが使用されます（**図3.7.3**）。

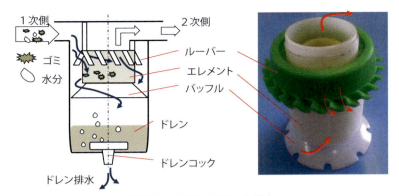

図3.7.1　エアフィルターの構造

図3.7.2　エレメントの状態

ここがポイント
- エアフィルター（ろ過度5μm）は外から内にエアが流れてゴミを捕集
- 指で触ってみると目の粗さを確認できる
- 水分を含むと外周が黒くなり、オイルの影響を受けると黄色くなる

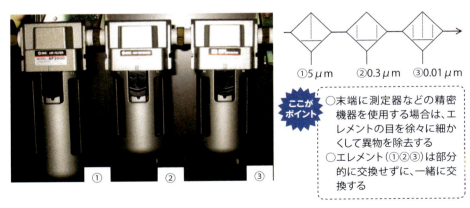

図3.7.3　エレメントの組み合わせ

ここがポイント
- 末端に測定器などの精密機器を使用する場合は、エレメントの目を徐々に細かくして異物を除去する
- エレメント（①②③）は部分的に交換せずに、一緒に交換する

第3章　機器の点検ポイントを把握して正常と異常を判断する

出力部エレメントの交換時期を判断しよう

　1次側フィルターの目詰まり度合が高まると、出力機器（シリンダ）が動作するたびにレギュレータ（減圧弁）の設定圧力（圧力表示計）の指針がマイナス側に大きく振れます（0.1MPa以上振れます）。

　フィルターの交換目安は、定期的な交換（1年）と、フィルターの状態監視による交換があります（図3.7.4）。状態監視には、差圧計を利用して1次側と2次側の圧力差が0.1MPaに達したときを交換の目安としたものや、フィルターケース頭部に取り付けられたインジケータで判断する方法があります（目詰まると赤の領域が増える）。

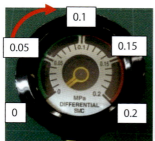

差圧計（数値で判断）
0〜0.1MPa：　グリーンゾーン
0.1〜0.2MPa：レッドゾーン

インジケータ（赤色の増加で判断）

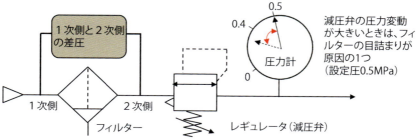

図3.7.4　フィルターの目詰まりを判断する

ここがポイント
○フィルターの交換履歴、外観からの目詰まり判断、レギュレータの圧力変動を確認
○目詰まり度合が進むと赤い領域（矢印の向き）が増える
○油分除去用フィルターの寿命は圧力降下が0.07MPaに達した時点

ドレン除去をやってみよう

　容器下部に溜まったドレンは定期的に除去しないと、エレメントを汚染し目詰まりの原因となります。

　ドレン除去を行う際には、ドレンコックにエアホースと排水用タンクにつなげることで、ドレンの飛沫による汚染や他の機器へのドレン進入を防ぐことができます。図3.7.5に、ドレンコックのケース下部の止め弁を示します。ドレン除去には手動方法と、ケース内部に設けた「浮き」によって一定のドレン量が溜まると排出するオートドレンがあります。

　ドレン除去は加圧状態でS→Oに回し、2秒程度開放することでケース内部のドレンを除去できます。終了後は必ずO→Sに回し、ドレンコックからエア漏れがないことを確認します。

　オートドレンのドレンコック（N・O：ノーマルオープンタイプ）は、一定量溜まると自動排出します。ただし、目詰まりも発生するため、**自動排水に頼らず毎日1回のドレン除去が必要**です。

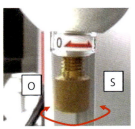

＜手動コック方式＞
「O」方向に回すとドレンが排出される

＜フレキシブルドレン方式＞
矢印方向に押すとドレンが排出される

図3.7.5　ドレンコックの操作方法

○2次側にドレンが流入すると、機器の動作不具合の原因になる
○ドレンが必要以上に溜まらないように定期的（毎日1回）にドレン抜きをする
○オートドレンタイプは、いつ排出されるかわからないためドレンの飛沫防止と手動によるドレン除去を行う

３·８ レギュレータの圧力は ２次側を示している

レギュレータの圧力設定を確認しよう

　コンプレッサでつくり出された高い圧力（１次側）を、設備の仕様（２次側）に応じて降圧させるにはレギュレータ（減圧弁）が必要です。

　設備ごとに設定圧は異なりますが、その値は把握できているでしょうか。安定した圧力が供給されなければ、プレス機などを用いた加圧製品では品質に影響します。調圧方法を確認します。図3.8.1に直動形レギュレータ（リリーフタイプ）の内部構造を示します。

(1) ダイヤフラムを機械的な力で押し上げる

1) 初期状態では、主弁は上部の弁スプリングの力を受けて、下方向に作用しています。したがって、１次側の高圧エアは２次側には供給されません（２次側圧力は0MPa）。

2) ２次側の圧力を高めるには（a）、下部の調圧ハンドルを右回転させて調圧スプリングを徐々に圧縮させます。圧縮によってハンドルを回す力が強くなるのを感じます。

3) 調圧スプリングの圧縮に連動して、ダイヤフラムが浮き上がります。同時に主弁が開き、２次側にエアが流れ込みます。力のバランスは、調圧スプリング力＞２次側のエア圧力となります

(2) ダイヤフラムをエアの力で押し下げる

1) ２次側のエアは、シリンダのH側に入ってピストンロッドを前進させます（b）。ストロークエンドに達すると２次側エアは充填します。

2) ２次側に充填した高圧のエアは静圧管を通過し、ダイヤフラムを下方向に押し下げる力（対抗する力）が作用します。力のバランスは、２次側エア圧力＞調圧スプリング力となります。

(3) ２次側を設定する

　力のバランスを調整するため、２次側エア圧はダイヤフラム中心の穴を通って大気にリークし、２次側圧力は低くなります（c）。ダイヤフラム上下のバランスが保たれると、主弁が下方向に下がり、１次側の高圧エアは遮断されます。力のバランスは２次側エア圧力＝調圧スプリング力となり、２次側は１次側より低圧化した設定となり、圧力計は２次側圧力を示します。

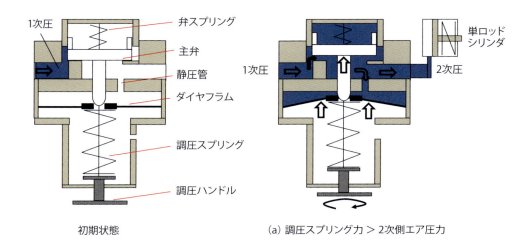

図3.8.1 レギュレータの動作原理

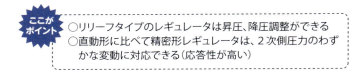

○リリーフタイプのレギュレータは昇圧、降圧調整ができる
○直動形に比べて精密形レギュレータは、2次側圧力のわずかな変動に対応できる（応答性が高い）

最高圧での使用は間違っている

　図3.8.2に、工作機械に使用される空気圧ユニットの一部を示します。コンプレッサ圧力（0.8MPa）を①のレギュレータで減圧（0.5MPa）し、2次側で分岐して②（0.3MPa）、③（0.08MPa）に減圧しています。

　このように、レギュレータの設置は1つとは限りません。むやみにレギュレータのハンドルを閉め過ぎて高圧状態に設定していると、2次側の空気消費に対して設定圧力の変動を維持できなくなります。

圧力調整をやってみよう

　レギュレータ設定圧力の調整方法を間違えると、出力側機器（シリンダ）の動作後に設定値の圧力が下がることがあります。図3.8.3に正しい設定（調圧）方法を示します。設定値を0.5MPaに設定する場合は、低い圧力から徐々に上げます。

　設定値を過ぎた場合は、設定値以下に大きく下げてから再設定します。機器の操作方法を図3.8.4に示します。圧力調整には設定値を固定するロック機構（ナット）を解除します。次にハンドルを回して圧力調整を行い、設定後は再度ハンドルをロックします。

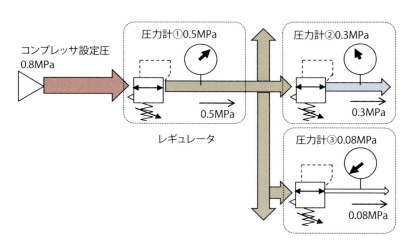

図3.8.2　設備に配置された減圧弁の設定値

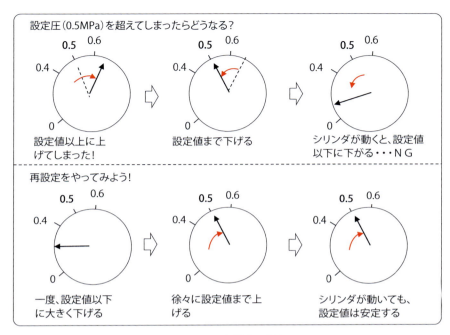

図3.8.3　圧力設定の方法

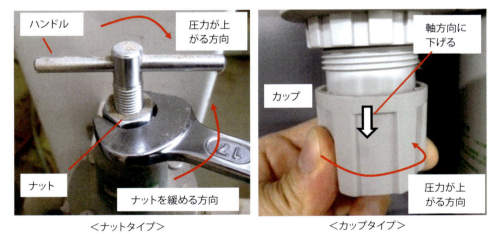

図3.8.4　機器の操作方法

> **ここがポイント**
> ○設定圧を固定するロック機構（ナットやカップ）を解除してから、ハンドルを回して圧力を調整
> ○調整後は必ずロックしよう

第3章　機器の点検ポイントを把握して正常と異常を判断する

3·9 ルブリケータの滴下状態を確認する

　最近の電磁弁やエアシリンダであれば、機器内部にグリスが塗布された状態で販売され、新設ラインなどではルブリケータによる給油をしない設備も増えています。

　しかし、高速回転するエアモータなどはパッキンの摩擦を抑制するために、グリスよりも潤滑性の高い油が使用されます。ルブリケータの給油状況、給油量の確認、滴下量の調整を確認します。

圧力差を発生させて給油する

　図3.9.1にルブリケータの構造を示します。エアの流れる管路に設けられたダンパによって、1次側の圧縮空気は抵抗を受けます。

　ダンパは中央部に空気を通す穴が設けられ、1次側（上流）は広く、2次側（下流）は狭くなっています。ここを通過した空気は流速が早くなり、圧力は低くなります（図3.9.2）。ルブリケータは、この1次側と2次側の圧力差（差圧）を利用して、油をケースから吸い込みます。

　吸い込まれた油は、絞り調整を兼ねた滴下窓（アジャスティングドーム）を伝って、2次側（圧力の低い方）へ滴下されます。滴下された油は空気と混じってミスト化（霧状）し、配管を伝って機器を潤滑します。

使用できる油種は決まっている

　油にはマシン油、切削油、スピンドル油、他潤滑油があります。添加剤の種類によってパッキンの膨張や劣化反応を起こします。

　潤滑油の油は「VG32　無添加　1種　タービン油」相当を選定します。表3.9.1に各社タービン油の銘柄を示します。

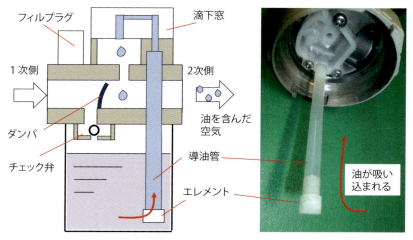

図3.9.1　ルブリケータの構造

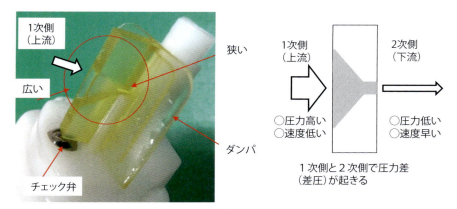

図3.9.2　ダンパの機能

表3.9.1　タービン油一覧

メーカー名	種類	メーカー名	種類
ENEOS	タービンオイル32	出光興産	ダイアナ フレシアS－32
コスモ石油ルブリカンツ	コスモタービン32	キグナス石油	タービンオイル32
シェル ルブリカンツ ジャパン	モーリナS1 BJ32		

 ○ルブリケータに使用する油種は統一し、混油は避ける

第3章　機器の点検ポイントを把握して正常と異常を判断する　93

滴下調整をやってみよう

　油は1次側と2次側の圧力差（差圧）を利用することから、出力側の機器が停止中の場合には油は滴下しません。したがって、滴下調整は機器駆動中（シリンダ動作中）に行います。

　滴下量が判断しにくい場合は、シリンダがストローク端で停止すると滴下しません。単位時間内（1時間）の機器稼働中における滴下量を目安にします。

　滴下量は、滴下窓（アジャスティングドーム）を見ながら行います。滴下量の調整は機種によってねじタイプや、滴下窓が油量調整を兼ねたタイプがあります。

設備稼働中（配管内部が加圧中）に給油してみよう

　設備稼働中に容器に油がない（減っている）場合、1次側のエアを止めることなく給油が可能です。図3.9.3に滴下調整手順を示します。

1) 機器の調整を行う前に、使用中の滴下調整量①を記録しておきます。機種によっては番号が記載されたタイプがある

2) フィルプラグをゆっくり開けて②、少しずつ内圧を逃がす

＊フィルプラグを外した瞬間、内圧がわずかに吹き出す

＊油が容器に入っていても、機器内部のチェック弁が作用して噴き出すことはない

＊フィルプラグを外したことで差圧が発生しなくなり、導油管からも油は吸い込まれず滴下しなくなる

3) フィルプラグ開口部に、潤滑油を容器の2/3程度入れる③

4) フィルプラグを閉める。このとき、ねじ山やパッキンを痛めると差圧が発生しない。注意して締めつける

5) フィルプラグを閉めると、差圧が発生して滴下が開始される。油量調整ねじは、反時計回りで滴下量が増える④。初期値との滴下量を比較し、機器動作中に滴下量を再調整する

6) 滴下調整ができたら、滴下番号を記録する。また油ケースの油量を確認し（マーキングしておく）、1週間の減り具合を記録して、給油周期を決める

① 滴下番号を記録しておく

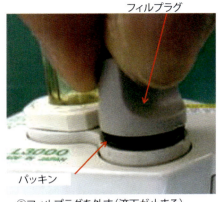
② フィルプラグを外す（滴下が止まる）

③ 油を容器の 2 / 3 程度入れる

④ フィルプラグを締めて滴下調整する

図3.9.3　滴下調整手順

ここが
ポイント
○ 1 次側のエアを止めることなく給油が可能
○ フィルプラグの取り付け時は、パッキンをはさむとエア漏れして滴下しない
○ 滴下は給油を必要とする機器（シリンダ）が動作中に行う

第 3 章　機器の点検ポイントを把握して正常と異常を判断する　95

3·10 コンプレッサとエアドライヤーの性能を維持する

　ドレンによる機器の損傷を防ぐためには、コンプレッサとエアドライヤー（除湿機器など）で適切に処理することが必要です。ドレンが溜まりやすいところを見極めて、2次側への流出を防ぎます。

コンプレッサからの吐出配管はたわませない
　図3.10.1にコンプレッサからレシーバータンクに、配管内径が細く長いゴム配管がたわませて施工されています。ドレンはたわませた部分に溜まりやすくなり、その一部がコンプレッサに逆流します。その結果、図3.10.2に示すようにオイルフィルターが目詰まりし、潤滑作用の低下を引き起こします。潤滑不良はやがて圧縮部の摩耗を起こし、吐出圧力低下に影響します。コンプレッサを維持する上で、配管の取り回しを見直します。

エアドライヤーの設置環境を確認して冷却効率を上げよう
(1) エアドライヤーのバイパス配管を確認しよう
　コンプレッサを停止させずに保守点検ができるように、エアドライヤーにはバイパス配管が施工されています（図3.10.3）。
　「エアドライヤーが動いているから大丈夫」と判断しても、実は機能を果たせずに2次側に水分を通過させ、出力機器がトラブルを起こすこともあります。エアドライヤーの起動スイッチの入れ忘れや、止め弁の締め忘れなどを確認し、エアドライヤーを通して2次側にエアを確実に供給させます。
(2) エアドライヤーは周囲温度が高くないところを選ぶ
　エアドライヤーは、周囲の空気で空冷用のファンを回し、熱交換器（銅配管）を冷やします。そのため、周囲温度が高い場所や溶接作業場、木材作業場からの粉塵や異物が多いところは、吸い込みフィルターの目詰まりによって冷却効果が低下します（図3.10.4）。

図3.10.1　コンプレッサからの吐出配管の施工

図3.10.2　オイルフィルター接続部の油漏れ

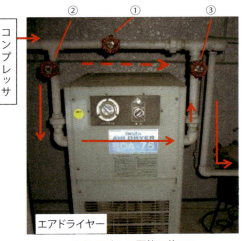

<メンテナンス配管の施工>
○エアドライヤー使用時：①閉め、②③開く
○メンテナンス時：②③閉め、①開く

図3.10.3　エアドライヤーのバイパス配管の施工

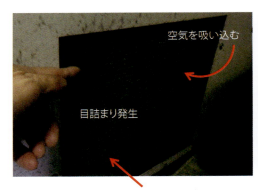

○熱交換器（銅配管）の冷却効率低下
○ドレン除去性能の低下

図3.10.4　吸い込みフィルターの目詰まり

⑶ 冷却ファンと冷却フィンの状態を確認しよう

図3.10.5に空冷式エアドライヤーの内部構造を示します。空冷式は放熱冷却用のファンを設けて、空気配管を冷却します（a）。冷却ファン（b）に埃が付着するとアンバランスとなり、モータに負荷が発生します。可能であれば、電源を切って清掃を試みます。

冷却フィン（c）はアルミニウム合金などの柔らかい金属が使われています。作業場の外などに設置すると、異物の詰まりやフィンのつぶれが起きます。全体の30％以上がつぶれると、冷却効率の低下を招きます。

冷却フィンのつぶれはマイナスドライバーでなどで簡単に起こせるものの、状態を悪化させることもあります。少しのつぶれであれば触らずに、異物混入しないように設置環境を変更します。

オートドレンフィルター（ドレンセパレータ）を確認しよう

エアドライヤーで発生したドレンは、機器内部または外部に取り付けられたオートドレンフィルター（ドレンセパレータ）で処理されます。図3.10.6にフィルター洗浄前後の状態を示します。定期的に分解・清掃を行うことで、目詰まり防止に役立ちます。

エアドライヤー内部に設置されたオートドレンフィルターは、外装パネルを外さなければ状況を判断できません（図3.10.7）。機器内部は高温・高電圧のかかった電源供給部があります。停止した後も製品内の部品は余熱によって高温になっている場合があり、火傷をする恐れがあります。温度が下がってからパネルを外して点検を行います（温度が下がる目安は10〜15分）。

オートドレンフィルターのドレン排出先のハンドバルブが閉じていると、自動排出できません。必ず開いていることを確認します。常時わずかにエアが漏れている場合は、分解清掃を行います。

またドレン回収ホースが外れていると、内部に異物を撒き散らし、機器の劣化や効率低下に影響しますので、必ずドレンホースを取り付けます。

(a) 空冷用のファンを回して　(b) 回転ファンに付着した異物　(c) 冷却フィン
熱交換器を冷やす

図3.10.5　ドライヤーの内部構造

①上方向に押し上げながら、
②方向に回すとフタが外れる

洗浄前　　　　　　　　　洗浄後

図3.10.6　オートドレンフィルターの洗浄

ここがポイント
○オートドレンフィルターのハンドバルブは開いていること
○ドレン回収ホースが外れていると、内部に異物を撒き散らし、機器の劣化、効率低下に影響する

異物飛沫
ハンドバルブ

図3.10.7　ドライヤー内部に設置されたオートドレンフィルター（ドレンセパレータ）

第3章　機器の点検ポイントを把握して正常と異常を判断する

Column3　流量制御弁の取付位置

　メータアウト制御では、流量制御弁はどこにつけてもよいとは限りません。背圧を発生することが目的であるため、シリンダのポート近くに取り付けることが有効です。シリンダから離れた位置に取り付けると、配管の圧力損失が発生し、流量調整の絞りが効きにくくなります。

　工作機械などシリンダが設備内部にある場合、流量調整を頻繁に行うことができません。このようなときは、設備の側面に設置された制御弁の排気ポートに、排気と絞りを組み合わせた排気絞り調整器（メタリングバルブ）を使用します。

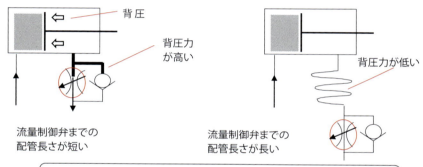

流量制御弁はシリンダの近くが応答性が良く、取付位置がシリンダから離れると（配管が長いと）圧力損失によって調整しにくい

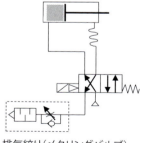

排気絞り（メタリングバルブ）

流量調整絞り　　サイレンサー（消音器）
＜メタリングバルブ外観＞

設備によってはシリンダの近くに、流量制御弁を設置できない場合がある
シリンダ動作は供給も大事だが、排気も重要。排気できなければシリンダは動作しない

ひとりで全部できる
カラー版 空気圧設備の保全

第 4 章

災害を防ぐ
安全な保全作業
への取り組み

4.1 シリンダの飛び出し現象に注意する

　メンテナンス後や停止中のシリンダを起動させたとき、設定速度よりも「瞬間的に」速く動いて、危険を感じたことはありませんか。このようなシリンダの動作を、飛び出し現象と呼びます。ピストンロッドの前進や後退時に発生する飛び出し現象によって、製品の落下や他の機器との衝突事故にも影響します。発生原因と対策方法を確認します。

飛び出し現象の発生と危険性を考えよう

(1) 飛び出し現象を確認する

　複動形シリンダ（φD20 －φd10）を横方向に配置して、メータアウト制御による低速度調整（2mm/s）を試みます（図4.1.1）。

　電磁弁を切り換えてピストンロッドを前進させると、一定の距離（10mmほど）を瞬間的に早く動作し、残りの距離は流量制御弁で設定した速度で稼働します。これが飛び出し現象です。ただし、ピストンロッドの後退時には飛び出し現象は発生せず、常に安定した低速動作で稼働します。

(2) 飛び出し現象が発生する原因は圧力バランスに関係する

　横方向に取り付けたシリンダの前進時のみに発生する飛び出し現象について、圧力バランスからその原因を紐解きます（図4.1.2）。

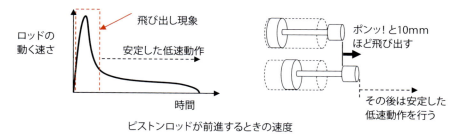

図4.1.1　横方向に配置したシリンダの飛び出し現象（メータアウト制御）

ピストンロッドが**前進（F1）**するときは、H側の**推力**（136N）に対してL側には**背圧**（94N）が作用します。「H推力」＞「L背圧」の関係となり、「背圧」が低いため瞬間的に飛び出し現象が発生します。

　逆にピストンロッドが**後退（F2）**するときは、L側の**推力**（94N）に対してH側には**背圧**（136N）が作用します。「H背圧」＞「L推力」の関係となり、「背圧」が高いため飛び出し現象は発生しません。

　このようにピストンロッドを動作させる力（推力F）と、対抗する力（背圧）の関係が「背圧」＞「推力」であれば飛び出し現象を防ぐことができます。

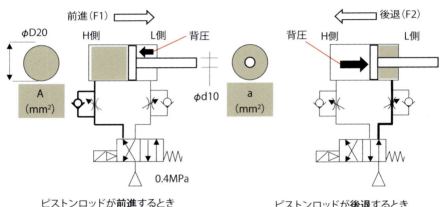

図4.1.2　推力と背圧の圧力バランス（横方向配置）

○メータアウト制御は背圧が発生して、メータイン制御に比べて低速動作が可能になる。しかし、飛び出し現象は供給圧力と背圧とのバランスによって発生する
○飛び出し現象が発生した場合は推力計算を行い、圧力バランスを判断する

（3）垂直上向きに動作させた場合の圧力バランス

ピストンロッド先端に、荷重5kg（50N）を取り付けた複動形シリンダ（φD20－φd10）を垂直上向き（ロッドが上向き）に配置して、低速度調整（2mm/s）を行った場合の圧力バランスを確認します（図4.1.3）。

ピストンロッドが上昇（F1）するときはH側の推力（136N）に対して、L側には背圧（94N）と荷重W（50N）が加わり、144N（94N＋50N）の対抗する力（F2）が作用します。

この結果から｛「L背圧」＋「荷重W」｝＞「H推力」の関係が成り立ち、上昇時には飛び出し現象は発生しません。逆に下降させるときは｛「L推力」＋「荷重W」｝＞「H背圧」の関係となり、飛び出し現象が発生します。このように、荷重Wが加わったことによって飛び出し現象が発生する方向が変わります。

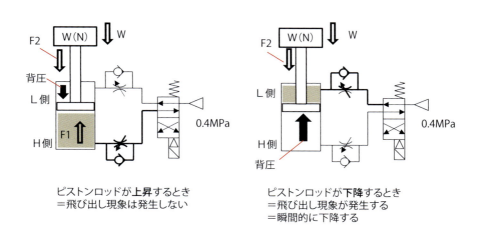

図4.1.3　推力と背圧の圧力バランス（垂直方向配置）

飛び出し現象の対策を考えよう

(1) メータインとメータアウトの組み合わせで安定した動作が得られる

飛び出し現象が発生する側にメータイン回路を追加します。自動運転はあくまでもメータアウト制御で行い、メータインは飛び出し防止のために調整します。メータインが効き過ぎ（絞り過ぎ）ると、飛び出し現象を抑制できません。図4.1.4に、飛び出し現象を防止するための調整方法（①→②→③）を示します。

(2) 垂直方向取り付け時の飛び出し防止について

垂直上向きに動作させる場合、ロッド側（L側）にメータインを取り付けます（図4.1.5）。L、H側がメータイン回路のみでは、背圧が発生せず自重落下するため注意します。

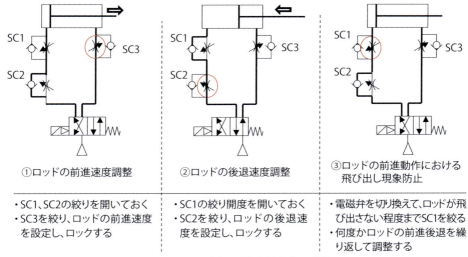

図4.1.4　飛び出し現象を防止する手順

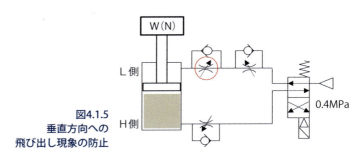

図4.1.5　垂直方向への飛び出し現象の防止

4・2 エア供給ラインで発生する残圧の危険性

　機器の交換や接続配管の組み換え作業を行った際に、配管内部に残された圧縮空気が放出されて危険を感じたことはないでしょうか。止め弁を閉めてエアの遮断は行っても、シリンダや配管内部には空気が高圧状態で保持されています。これを「残圧」と呼びます。

　残圧状態は判断しにくく、無理に配管や機器を外すと、エアを放出しながら配管が暴れまわるため危険です。本節では、急速継手（ソケットとプラグ）の取り扱いと安全な残圧処理について確認します。

急速継手の取り外しは危険が伴う

(1) どのような場所で使用されるのか

　コンプレッサからの高圧エアは、鋼配管を伝ってエア接続口（急速継手）まで伝わります。主にエアガンや機器の接続など、頻繁に抜き挿しする箇所に使用されます（**図4.2.1**）。

　急速継手は、配管の接続分離の際にソケット（メスカプラー）とプラグ（オスカプラー）を組み合わせて使用します。一般的にソケット（メスカプラー）内部にはチェック弁（逆流防止弁）が内蔵され、高圧エアの保持として1次側に使用されます。

(2) 急速継手を接続する

　急速継手を組み付ける作業手順を**図4.2.2**に示します。

　1)①ソケット（メスカプラー）のロックを指でつまみ、軸方向（下方向）に引く（ばね式になっていて3mmほど可動する）

　2)②ロックを解除した状態で、プラグ（オスカプラー）に挿し込む

　3)③ソケット（メスカプラー）のロックを離すと、プラグ（オスカプラー）に接続される。必ず下方向に引っ張り、外れないことを確認する

　特にソケット（メスカプラー）側に高圧のエアが保持された状態では、プラグ（オスカプラー）の接続がうまくできない場合があります。このように、接続の際には少し力を要します。

　なお、急速継手の取り外しは③→②→①の順序で行います。

106

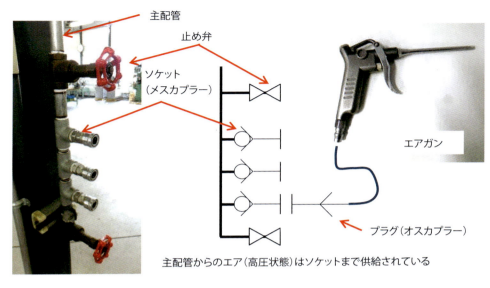

図4.2.1　主配管からのエア供給

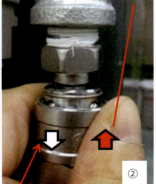

図4.2.2　急速継手の接続

第4章　災害を防ぐ安全な保全作業への取り組み

残圧排気に伴う災害

(1) 配管ラインの残圧状態を確認し急速継手は両手で外す

急速継手を外すと「ポンッ」と残圧音が発生し、残圧が一気に解放されます。圧力が高いと、配管が弾き飛ばされるなどの危険を伴うため、急速継手の接続作業は必ず両手で行います（図4.2.3）。

(2) 急速継手の安全な取り外し手順を考えよう

急速継手をいきなり外さずに、レギュレータのドレンコックから配管内の残圧を排出する手順を考えます。

1) 圧力計を見て、圧力供給状態を判断する（圧力計は2次側を示す）
2) 遮断弁を閉めて、1次側の高圧エアの供給を止める（1次側供給停止）
3) レギュレータの下部ドレンコックを開いて、2次側の残圧を開放する
4) レギュレータの圧力が0MPaまで減圧したことを確認する
5) プラグ（オスカプラー）を外す（無理なく外せる）

巻き込みによる災害

エア駆動機器には、リフター（上下駆動）や回転機器があります。残圧開放によって、圧力を作用していた機器が思わぬ動きを起こすことがあります。機器の損傷のほか災害につながるため、残圧開放を行うときは設備に作用している負荷について、確認しておくことが重要です。

図4.2.4に巻き込み災害事例を示します。メンテナンス中に残圧開放を行ったことで、エアモータの内部圧力が下がります。チェーンの重みはスプロケットを回転させ、作業者の指をはさみ込む災害が発生しました。

特に異物のはさみ込みやセンサーの位置ずれなどによる「チョコ停」が頻発するラインでは、赤チン災害（擦り傷など）が発生しています。チョコ停を慣れで対応せずに、工程や作業方法を見直すことが生産性改善にも結びつきます。

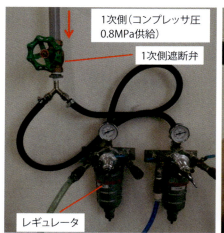
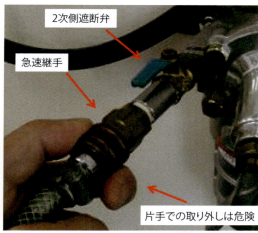

図4.2.3 高圧ラインにおける急速継手の取り外し

図4.2.4 残圧開放による巻き込み災害

○急速継手を外す前に高圧ラインを判断する
○残圧開放による巻き込み災害を予知する

第4章 災害を防ぐ安全な保全作業への取り組み

4.3 エア排気と供給の難点

急激な圧力・流量変化はセンサーを壊す

　圧力や流量センサーは、あらかじめ設定した値と比較して動作信号（ON／OFF）を出力します（**図4.3.1**）。**圧力センサー**(a)はリークテスト（漏れ検査）や元圧管理に使用します。**流量センサー**(b)は空気やガスの流量管理に使用します。

　特に流量センサーは、エアを流す方向が両方向と一方向の2つのタイプがあります。エアを排気する場合はセンサーの流れ方向を判断せずに行うことが多く、残圧開放による急激な流量変化（エアの逆流）が作用すると、内部の計測用素子（白金薄膜センサーや整流ユニット）が破損し、2次側に流出する恐れもあります。また配管内の空気が一気に放出されると、圧力の急激な低下によって温度が下がり、配管内部の水分が結露として発生します。

　センサーは液体の侵入（異物や油分）に弱く、頻繁に急速継手（カプラー）を外すと検出機器の誤作動を招きます。したがって残圧処理を行う際には、なるべく急激なエア開放は避けるようにします。

圧力を計測する
元圧確認、ワークの有無を判断
圧力センサー (a)

流量を計測する
漏れ量や流量変化を判断
流量センサー (b)

図4.3.1　ラインに配置された計測機器

ここがポイント
○残圧開放を行う際には、システムへの影響を考えてから作業に着手することが大切

手元操作バルブを用いた残圧処理を確認しよう

　エアを徐々に排気させるには、給気と排気を備えた3ポート2位置弁は有効です。図4.3.2に手元操作バルブを示します。ハンドルは0～90度の範囲で切り換えができます。

　機器や配管との交換作業など、頻繁に取り外しを行う箇所に有効です。

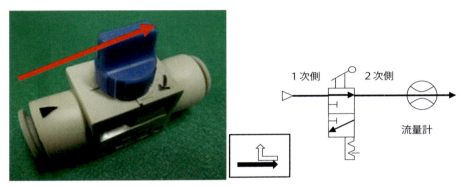

バルブを開く：
矢印の方向に空気が流れる(2次側に流れる)

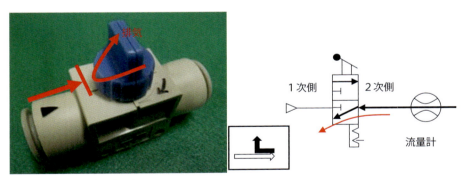

バルブを閉じる：
空気は1次側でブロックされ、2次側空気は排気される

図4.3.2　手元操作バルブ(3ポート2位置弁)

ここがポイント　○ゆっくりバルブを開いて残圧を開放する

残圧排気弁の取付位置の確認と切り換え操作をやってみよう

(1) メインラインの供給停止と排気

システム稼働中にエア漏れなどの危険が発生した場合、早急に設備のエアを遮断しなければなりません。

そのような遮断機器としては、残圧排気弁があります。残圧排気弁は主に出力側の機器に取り付けられます（操作部は赤色で示します）。残圧排気弁の設置状況を図4.3.3に示します。緊急時、瞬時に残圧開放できるように、内部にはばね（復帰）とデテント（位置保持）機構が備わっています。なお、手元操作バルブ（図4.3.2）には、ばねは内蔵されていません。

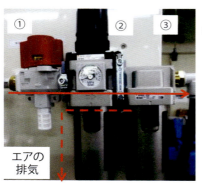
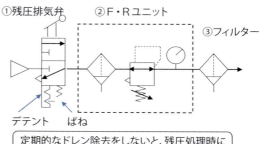

定期的なドレン除去をしないと、残圧処理時にフィルター内部の異物が逆流する

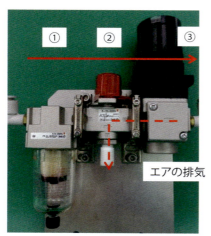
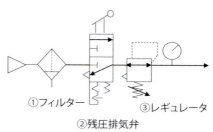

残圧排気によって2次側圧力計は0MPaを示す

図4.3.3　システムに接続された残圧排気弁の配置例

(2) エアの供給と遮断をやってみよう

エア供給操作方法を図4.3.4(a)に示します。ハンドルを矢印の方向に、押し下げながら<u>ゆっくり</u>回します。

排気「EXH」と表示された状態から、供給「SUP」に切り換えます。回している途中で、2次側ラインでエア漏れ（方向弁や配管、シリンダなど）が確認できたときは、直ちにハンドルから手を放します。内蔵された「ばね力」が働いてハンドルが戻り、瞬時に供給を遮断します（安全側に働く）。

また、**エア排気**操作方法を(b)に示します。排気を行う際は、一気に回し切ることで残圧がサイレンサーを通して排気されます。これは、供給「SUP」と表示された状態から、排気「EXH」に切り換えます。

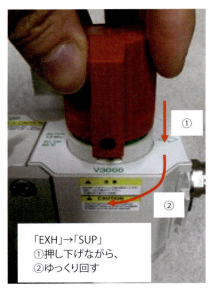

「EXH」→「SUP」
①押し下げながら、
②ゆっくり回す

(a) 遮断状態から空気を流す方法

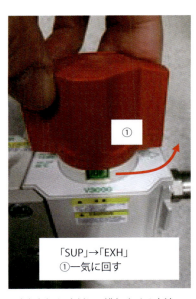

「SUP」→「EXH」
①一気に回す

(b) 空気を遮断して排気させる方法

図4.3.4　残圧排気弁の操作方法

○エア供給はゆっくり回し、2次側ラインで異常やエア漏れが発生したら、直ちにハンドルから手を離してエア供給を遮断する
○排気を行う際は一気に回し切る

第4章　災害を防ぐ安全な保全作業への取り組み

4·4 オールポートブロックバルブ の残圧処理と飛び出し現象

オールポートブロックバルブは動作途中で停止ができる

　２位置シングル、ダブル弁はシリンダのピストンロッドを前進、後退させる２点制御です。これに対し動作途中において任意の位置で停止させるには、ピストンロッドを強制的にロックするブレーキ付きシリンダやオールポートブロックバルブが多用されます。

　図4.4.1に電磁式オールポートブロックバルブ（５ポート３位置弁）を示します。両側に電磁弁（ソレノイドSOL）とばねが内蔵され、３位置であることが特徴です。オールポートブロックバルブの機能と、残圧処理について確認します。

動作方法を確認しよう

1) ①初期値では両側の電磁弁（SOL1、SOL2）が非通電状態で（OFF）、ばねの作用を受けてブロックは中央に位置する
2) ②左側の電磁弁（SOL1）がONすると、ピストンロッドは前進する
3) ③右側の電磁弁（SOL2）がONすると、ピストンロッドは後退する。ここまでは２位置ダブル弁と動きが似ている
4) ④ピストンロッドが駆動中に電磁弁を切る（OFF）と、電磁弁に内蔵されたばねによって中央のブロック位置に切り換わる

　このとき供給ポート［P］は遮断され、シリンダの［A］［B］両ポートともにエアが封じ込められます。この状態では排気も行われないため、ピストンロッドの動きは途中で停止します。

　シリンダに複数のリミットスイッチ（シリンダセンサー）を取り付けることで、動作途中における停止や多点位置決めを可能とします（図4.4.2）。

　この特長を活かして300mm以上の長いシリンダを使用する場合には、異常時に途中停止が可能なオールポートブロックバルブを安全対策の１つに義務づけ、標準仕様としているメーカーもあります。

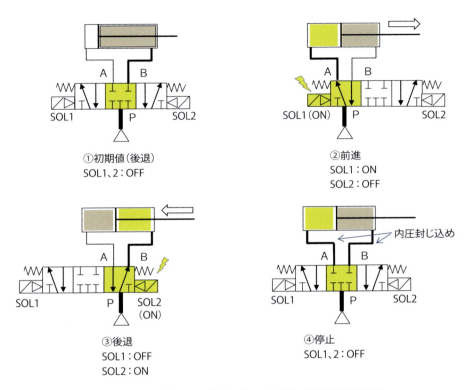

図4.4.1 電磁式オールポートブロックバルブの切り換え動作

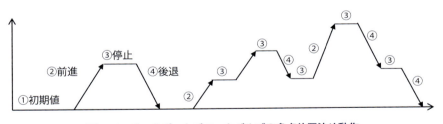

図4.4.2 オールポートブロックバルブの多点位置決め動作

ここがポイント
- 中央のブロックでは内圧封じ込めとなる
- エア圧縮によってわずかに動くものの、ピストンロッドを押しても引いても位置はずれない

第4章 災害を防ぐ安全な保全作業への取り組み 115

垂直方向の取り付けに注意する

シリンダの上下駆動（リフター）方向に、オールポートブロックバルブを使用した場合（図4.4.3）、エア漏れが発生すると圧力バランスが崩れて下降します。したがって、オールポートブロックバルブは横方向の取り付けを基本とし、上下方向に使用する場合は停止させておける時間に限界があることに注意します（漏れ量によって停止時間は不明）。

内圧封じ込め状態の危険性

中央の切り換え位置では、配管とシリンダ内部に圧力が保持された状態（残圧状態）となり、配管を外すなどの行為は危険です（図4.4.4）。

ピストンロッド前進中に異物をはさんで停止した場合(a)を考えます。遮断弁を開放しても、ピストンロッドは動作しません(b)。この状態でL側の配管を外すと、ピストンロッドの飛び出しに伴い異物を吹き飛ばすなど危険です(c)。このようなときは、先にH側の配管を外します(d)。ピストンロッドが後退側に飛び出しますが、危険性は低くなります。

残圧処理には個別排気が有効

配管切断による残圧開放は危険が伴います。手元操作バルブをシリンダと電磁弁の間に接続し、個別配管の残圧処理を行います（図4.4.5）。

再起動時は先にロッド後退側（L側）にエアを供給し、背圧を発生させ、1段目のピストンロッド前進時の飛び出し現象を防ぎます。

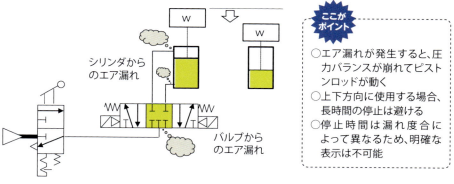

図4.4.3　垂直取り付けの問題

ここがポイント
- エア漏れが発生すると、圧力バランスが崩れてピストンロッドが動く
- 上下方向に使用する場合、長時間の停止は避ける
- 停止時間は漏れ度合によって異なるため、明確な表示は不可能

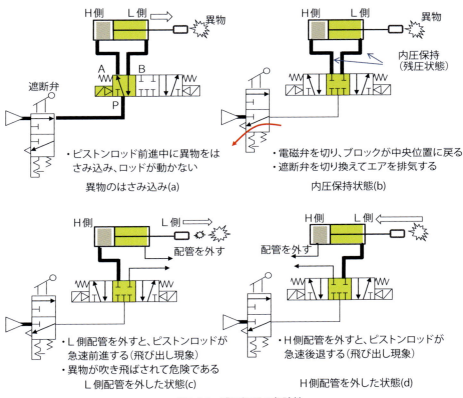

図4.4.4　残圧処理の危険性

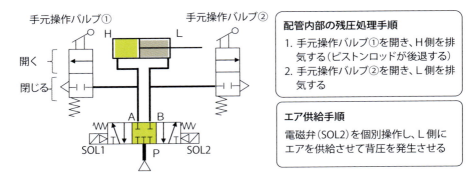

図4.4.5　手元操作バルブを用いた個別操作

4·5 エア漏れが発生したときの対処方法

　設備を見渡すと、至る場所でエア漏れが聞き取れます。特にエア配管は、いつ破裂するかが判断できません。エア配管が破裂した場合の対処を間違えると、ライン停止や機器の破損につながります。以下に、確実な処理方法について確認します。

フィルターからのエア漏れによる処理

　図4.5.1に工作機械のエアラインを示します。フィルター①から常時エア漏れが発生した場合、2次側へのドレン流入が懸念されます。設備には残圧排気弁はなく、2つの遮断弁（①②）がライン上に配置されています。

　遮断弁を閉めても、2次側にはエアが保持（残圧）されているため、フィルターの保守点検作業はできません。この場合の残圧処理とエア供給方法を考えます。

(1) 残圧処理方法

　1) レシーバータンクの出力側（2次側）に施工された、遮断弁②を締める
　2) 設備に使用されているフィルターにはドレンが含まれている。1カ所のフィルターから残圧（ドレン）を抜こうとすると、他のフィルターのドレンを逆流することになる。したがって、同時に数カ所のフィルター（①②）のドレンコックから、システム内部の残圧を完全に抜く
　3) 残圧が排気されると、レギュレータ（減圧弁）の圧力が0MPaになる。必ず圧力計で確認する
　4) フィルターケースを外し、内部の点検・清掃を行う

(2) エア供給方法

　1) フィルター（①②）のドレンコックを閉める
　2) 遮断弁②をわずかずつ開放して、エアを供給する。フィルターからのエア漏れがないことを確認する

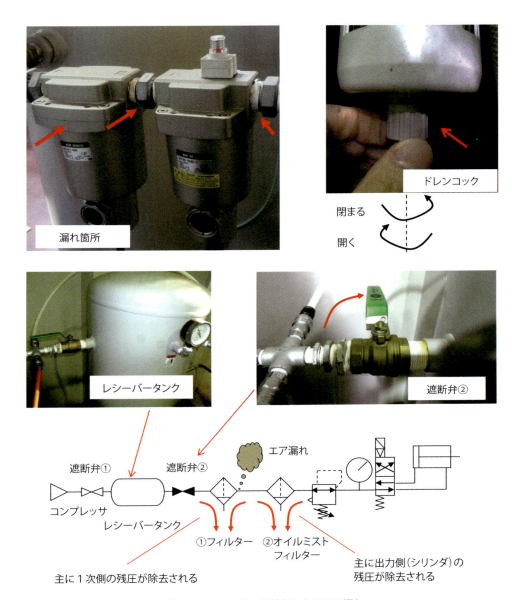

図4.5.1　フィルター接続部からのエア漏れ

第4章　災害を防ぐ安全な保全作業への取り組み

出力側のエア配管破裂による処理

　工作機械のコンベアダクト（可動部）内部には電気配線とエア配線が混在し、機械のテーブルを一方向に動かすとコンベアダクトも追従します。

　材料加工時に発生した切りくずがコンベアダクトに進入し、エア配管の破裂に伴って多量のエア漏れが発生しました。システムを確認し、残圧処理と復帰動作を考えます。

(1) エアラインを確認する

　図4.5.2にエアラインを示します。1台のコンプレッサから鋼配管を通して複数台の設備にエアが供給され、遮断弁は接続されていません。

　多量のエア漏れは他の設備への供給不足となり、工場内設備のすべてに影響します。ほかの設備は稼働中であることから、コンプレッサからの吐出エアを止めて、エア漏れ処理作業を行うことはできません。この場合、設備に設置されたF・Rユニットから残圧処理します。

(2) レギュレータの2次側圧への供給を遮断する

1) レギュレータ（減圧弁）の設定値を確認（記録）する
2) 圧力を0MPaまで下げて、1次側の供給エアを遮断する
3) コンベアダクトを開けて切りくず除去・清掃を行う。また、エア漏れ発生箇所を確認してマーキングする。エア配管をすべて取り換えるのが困難なときは、応急処置として破裂した部分を切断して、継手などで接続する（図4.5.3）

(3) エアを供給して電磁弁の動作確認をする

1) レギュレータの設定値を徐々に加圧させて、応急処置した場所を中心にエア漏れの発生状況を確認する（エア漏れがないこと）
2) 電磁弁を手動で切り換えて、動作確認する。パイロット式シングルバルブは作動圧が低いと切り換わらない（図4.5.4）。作動圧が0.2MPa以上作用していることをレギュレータで確認する
3) 切りくずの侵入によるエア漏れは、他の設備でも発生する。同様の設備の清掃点検を行う（横展開の実施）

<コンベアダクトに発生したエア漏れ>

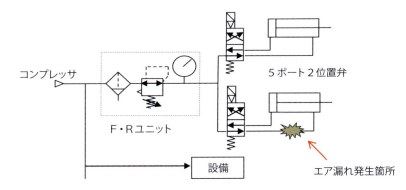

図4.5.2　工作機械のエア配管

図4.5.3　継手による配管接続

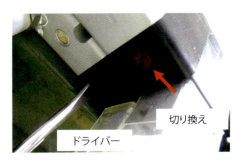

図4.5.4　電磁弁の切り換え動作

第4章　災害を防ぐ安全な保全作業への取り組み

4.6 コンプレッサの定期点検を行い寿命を延ばそう

コンプレッサの設置環境によって、コンプレッサの能力は低下します。定期的なオイルやフィルター交換を実施することで、寿命を延ばすことが可能です。また、コンプレッサのトラブルで多いのがベルトの破断です。ここでは、消耗品の交換作業について確認します。

オイル交換をやってみよう

コンプレッサ内部のピストンやシリンダの金属接触の防止には、オイルによる潤滑油膜で摩擦を防ぐことが肝要です。特に夏場を過ぎたコンプレッサオイルは劣化が激しく、継ぎ足しよりも新油に入れ替える方が有効です。

給油の際は、専用のコンプレッサオイルを用意します。高温状態では油が吹き出す恐れもあって危険です。コンプレッサの電源を切ってタンク内の圧力をすべて排気し、10分ほど冷却してからオイルを排出させます。

新油に交換する際は、古いオイルはすべて排出させておきます。給油の際は、給油窓のオイルゲージを見ながら適量を注ぎます。

油を入れ過ぎると油の撹拌が激しくなり、油の劣化（炭化）や発熱原因となります（図4.6.1）。この場合は、給油窓を取り外して洗浄する必要があります。

吸込ろ過器を点検しよう

図4.6.2に吸込ろ過器を示します。吸込ろ過器は、圧縮機本体にゴミや埃を吸い込ませない働きと、防音の役目をします。ゴミや埃が吸い込まれるとシリンダやピストンリングの異常摩耗、オイルの汚れ、摺動部のトラブルの原因になります。

吸込ろ過器のカバーを外し、ろ過フィルターを取り出してゴミや埃をエアガンで吹き飛ばします。紙タイプのろ過フィルターは交換します。

図4.6.1 オイルの給油

吸込ろ過器のカバー

吸込ろ過器のカバーを外す

紙タイプのろ過フィルターは交換する

金属タイプはエアを吹きつける

図4.6.2 ろ過フィルターの清掃と交換

第4章 災害を防ぐ安全な保全作業への取り組み

ベルトの劣化を判断しよう

Vベルトに油分・ゴミや埃などが付着すると、ベルト寿命を低下させます。ベルトの摩耗やたわみ状況を確認するときは、必ずコンプレッサの電源を切ってから作業します。

(1) ベルトの摩耗を確認しよう

図4.6.3にベルトとプーリの突出量を示します。ベルトは、初期状態ではプーリより1～2mmほど突き出していますが、徐々に摩耗して突出量が減り、ベルトの底当たりにつながります。

この状態ではベルトがスリップして発熱し、いずれ破断します。ベルトの突出量が1mm以下は交換の目安とされています。

Vベルト交換の際は、Vプーリの溝部の傷・摩耗状況も確認します。異物混入により、Vプーリに傷があるとVベルトを痛めます。

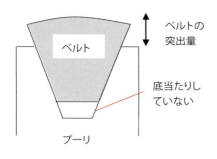
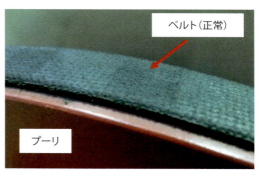
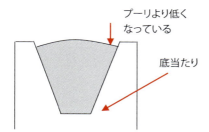

図4.6.3　ベルトの突出量

(2) ベルトのたわみを確認しよう

　ベルトは使用するにつれて伸びてきます。回転中に上下にバタバタと波打つようになったら、早急に交換します。

　ベルト中央部を指で押して、たわみを判断します（**図4.6.4**）。複数本を使用する場合、たわみ量が異なればモータ駆動側プーリとコンプレッサ従動側プーリの軸心が合っていないことも考えられます。また複数本を使用するベルトは、1本のみを交換せずに全数交換すべきです。

ベルト交換のポイント

　ベルトのたわみが発生した場合、応急処置としてベルトを張る方法もありますが、外周の布が切れやすくなる欠点もあります。ベルトは、表面よりも内側のゴムの部分が破損しやすくなります（図4.6.4）。交換の際は、ベルトに記載された型番（Vベルト形状と呼び番号）と同等品を使用します。

図4.6.4　ベルトのたわみ調整

Column4 方向制御弁の4ポート、5ポート弁はシリンダのサイズで選ぶ

　シリンダを動作させるにはエアの供給も重要ですが、排気も大切です。内径の小さい空気圧シリンダを動かす場合には、排気ポートが1つの4ポート弁で十分です。しかし、大きなサイズのシリンダを速く動作させるには、2個の独立した排気ポートを持つ5ポート弁が有効です。

　小さな機器を選定すると、能力不足により目的の動作速度が得られません。逆に大きいサイズの機器を選定すると、コストUPとなります(オーバースペック)。目的とする空気圧シリンダの動作を具体的に把握して、機器を選定します。これをサイジングと呼びます。

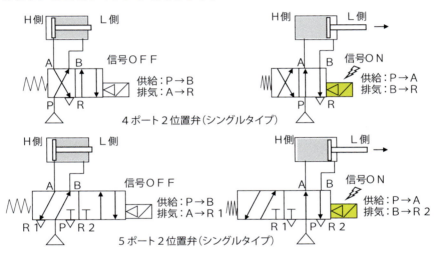

＜4ポート5ポート2位置弁(シングルタイプ)＞

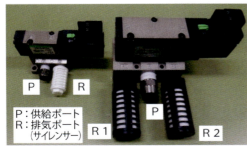

電磁弁についている名称
供給ポート：1(P)
排気ポート：3(R2)、5(R1)またはEA, EB
出力ポート：2(B)、4(A)

一般的な接続方法
・Bポート(ベースバック)は常時ロットが原位置を示す側やシリンダのL側(ロット)に接続する
・Aポート(アクション)は電磁弁が切り換わって、エアを供給させる側やシリンダのH側(ヘッド)に接続する

ひとりで全部できる
カラー版 空気圧設備の保全

第 5 章

設備を長もちさせる
正しい部品交換
作業

5・1 配管組付作業はエア漏れ対策の基本

　シリンダや機器への配管には、取り回しのしやすいゴムホース配管やエア配管（ウレタンなどの樹脂材）が使用されます。
　ゴムホースは酸素用の布入りタイプで、外装をゴムで覆われています（**図5.1.1**）。エア配管に比べてやわらかく、曲げ半径を小さくでき、ドラムリールなどで使用されます。しかし外装ゴムがやわらかいため、ワンタッチ管継手への接続はエア漏れ原因となり、使用は避けた方がよいでしょう。

ゴムホース配管と継手の接続をやってみよう
①竹の子形状のホースジョイントへの接続には、ゴムホースを押し込む（力を要します）。取り付け後は抜け防止のため、ホースバンドを用いて締めつける
②図5.1.2に示すニップルナットへの接続には、付属ナットを用いてスパナで締めつける
③図5.1.3に示す食い込み継手への接続には、スリーブのテーパ側が継手本体側に向いていることを確認する。手締めで締めつけてから、スパナを用いて最終締め付けを行う

ゴムホース外観

ホースジョイント外観

ワンタッチ管継手との接続

図5.1.1　ゴムホース配管の構造と接続の相性

ここがポイント
○ゴムホースは軟質であるためドラムリールなどで使用
○ワンタッチ管継手はエア配管（ウレタンなどの樹脂材）に使用
○ワンタッチ管継手とゴムホースは、接続ができてもエア漏れが発生（接続相性が悪い）

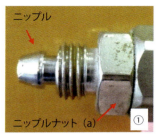

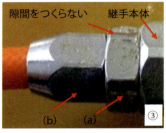

① ニップルに適するゴムサイズを選定
② ニップルにゴムホースを押し込み（力を要する）、付属ナットで押し込む
③ スパナを用いて、ニップルナット（a）と付属ナット（b）を締めつける（隙間をつくらないように完全に締めつける）

図5.1.2　ホースジョイントの接続（ニップルタイプ）

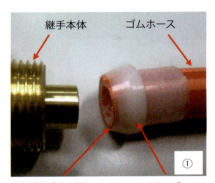

① スリーブ先端とゴムホースの先端を合わせる
② ホース先端を確実に継手本体の突き当て部に食い込ませる（力を要する）
③ ナットを手締めして、回らなくなるところまで締め込む（ゼロ（0）ポイント）。
　次にスパナを用いて継手本体を1回転から1.5回転ほど締める

図5.1.3　食い込み継手の接続

第5章　設備を長もちさせる正しい部品交換作業

エア配管の切断状況によってエア漏れを回避できる

　エア配管にはポリウレタン、ナイロンなどの樹脂材が使用されます。ポリウレタンはナイロンよりも柔軟性がありますが、使用温度によって耐圧温度・圧力性能が劣ります（20℃/0.8MPa、40℃/0.65MPa、60℃/0.5MPa）。そこで、使用環境を考慮した選定が必要です。

　配管接続の際には配管切断用の専用工具（チューブカッター）を使用します（図5.1.4）。市販のハサミやニッパーなどで切断すると切り口が悪く、継手との接合部からエア漏れを起こす原因となります（図5.1.5）。

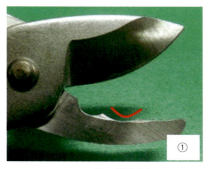
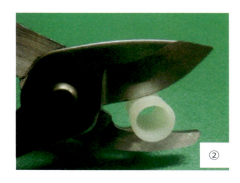

①刃が湾曲している
②エア配管の端面を垂直に、つぶさないようにカットする

図5.1.4　チューブカッター（専用工具）によるエア配管の切断

粗い　　　　　　　　　　　　　　　　シャープな切断

エア漏れが発生した切断面　　　　　　専用工具で切断した面

図5.1.5　切断面の違い

○チューブカッターを用いてエア配管を切断し、エア漏れを防ぐ
○切断の際は、先にワンタッチ管継手からエア配管を外し、端面から3～4cm離れた良好な外周面を切断

エア配管の接続をやってみよう

　エア配管の接続にはワンタッチ管継手が多用されます。継手の内部にはチャック（爪）があり、エア配管の外周部を把持することで抜け防止となります。図5.1.6にワンタッチ管継手の取り扱いを示します。

　配管挿入時は、エア配管をワンタッチ管継手の奥まで確実に挿入します。挿入後軽く引っ張り、抜けないことを確認します。

　エア配管を取り外すときは、リリースブッシュを押しながらエア配管を引き抜きます。抜いた配管の外周を見ると、爪跡が残ります。一度挿入したエア配管を再利用する場合は、爪跡部を避けた位置（端面から離れた位置）を選んで切断します。

ワンタッチ管継手の脱着　　　　　　　　　　継手内部の爪（チャック）

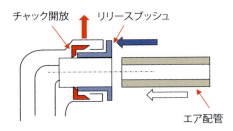

リリースブッシュを押しながらエア
配管を挿し込む
(a) エア配管を挿し込む（抜く）方法

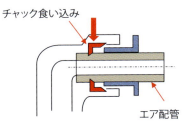

エア配管を挿し込み終えたら、
引っ張ってエア配管の把持を確認する
(b) エア配管を把持する

図5.1.6　ワンタッチ管継手の取り扱い

第5章　設備を長もちさせる正しい部品交換作業

5·2 継手の交換作業を やってみよう

　空気圧機器では継手の接続作業が必ず伴います。鋼配管同士の接続や、継手へのシールテープの巻き方を理解することで、エア漏れを防ぐことができます。継手の種類と接続方法を確認します。

Ｇねじとｒねじの違い

　図5.2.1に両サイドのねじ部が異なるハンドバルブを表します。鋼配管の接続には管用平行ねじ（Ｇねじ）（左側）と管用テーパねじ（Ｒねじ）（右側）の２種類があります。

(1) 管用平行ねじ（Ｇねじ）

　軸心に対して円筒表面にねじ山が形成され、おねじ、めねじに関係なくＧねじと呼びます（旧JISではPF）。

(2) 管用テーパねじ（Ｒねじ）

　軸心に対して円錐表面（テーパ1/16勾配）にねじ山が形成され、Ｒおねじ、Ｒｃめねじと呼びます（旧JISではPT）

(3) Ｇねじ（平行おねじ）とＲｃめねじ（テーパめねじ）は合わない

　Ｇねじ（平行おねじ）とＲｃめねじ（テーパめねじ）を接合させると、形状が異なるため、１〜２山しか噛み合いません（**図5.2.2**）。

　シールテープを多重に巻いて無理に接合させると、エア漏れの原因になります。取り付けの際には「ねじ部」の形状を見て、おねじ、めねじの適合を判断します。

必ずしも増し締めが良いとは限らない

　管用テーパねじは円錐形状のため、締めるに従い徐々に口元が広がります。漏れを心配して締め過ぎると、めねじ側に亀裂を発生させます。緩みを確認し、少し締めてもエア漏れが起きるようであれば、再度シールテープを巻きつけることで長期間のエア漏れに対応できます（**図5.2.3**）。

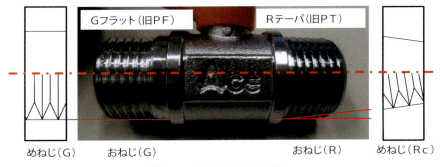

めねじ(G)　おねじ(G)　　　　　　　　おねじ(R)　めねじ(Rc)

図5.2.1　GねじとRねじの違い

ねじ適合
（4山しっかり噛み合う）

ねじ不適合
（1山しか、かみ合わない）

ここがポイント
- ねじの組合せが悪いと、噛み合わない
- 工具を使用して締めつけると噛み合わせ状態が判断できない
- 必ず手締めで締めつけてから、工具を用いて締めつける

図5.2.2　ねじ形状による締め付け度合

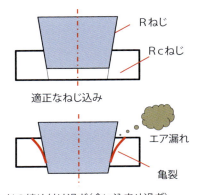

適正なねじ込み

ねじの締め付け過ぎ（食い込ませ過ぎ）

図5.2.3　継手部からの「にじみ」

第5章　設備を長もちさせる正しい部品交換作業　133

管用テーパねじにシールテープを巻いてみよう

　シールテープは管用テーパねじ（R）のみ巻きつけます。メートルねじ（M5やM6）にはシールテープは巻きません。付属の専用パッキンが、ねじ部に接続されていることを確認して使用します（図5.2.4）。

継手を外したら異物を除去する

　継手を外すと、ポートねじ部にシールテープの一部が切れ端として残ります。先端形状が細い工具（ピックツール）を用いて除去します（図5.2.5）。また継手に付着した古いシールテープも剥がして、新たに巻き直します。

　継手にシールテープを巻くときは、「ねじ部」の幅よりもテープの幅が狭くなるように、カッターを用いて切断します。

　シールテープの巻き方から、機器への接続の流れを図5.2.6に示します。シールテープの厚みによって締め加減が異なります。必ず手締めで締め込み、回らなくなってからスパナを用いて1/4回転（90度）ずつ加減しながら締め込みます。

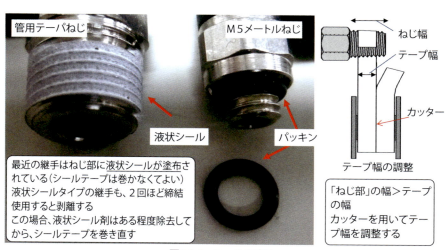

図5.2.4　シールの違い

①継手を外して、シールテープの残留物を必ず除去する(目詰まりの原因)

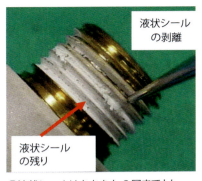
②液状シールはおおむね2回までとし、シールテープを巻いて対応する

図5.2.5　残留物の除去

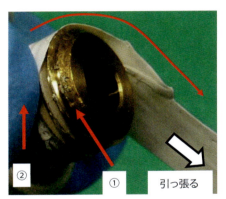

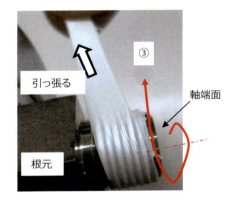

①先端1〜2山残す
②シールテープ端面を指でしっかり押さえる
③軸端面を手前に、時計まわりに引っ張りながら、根元に向かって2〜3巻きする。シールテープの巻き方向を逆にすると、機器にねじ込む度に剥離する。必ず向きを確認する
④シールテープを多重に巻くと、ねじ山は形成されず、機器にねじ込んでもめくれる。指の爪で、ねじ山が形成される状態が最適。多重巻き(5〜6巻き)に注意する

図5.2.6　シールテープの巻き方

5・3 シリンダの分解と組付作業をやってみよう

　シリンダや制御弁は標準化された機器として流通し、コスト面から分解修理が有効かどうかを見極めるのは難しい問題です。しかし、機器の選定ミスや消耗が激しいなどの要因を調べるには、機器の内部状況（状態）は大きな手がかりになります。そこで、シリンダの分解とパッキン類の交換、摩耗状態を確認します。

シリンダを分解してみよう

　図5.3.1にアルミ押出成形タイプのシリンダを示します。スナップリングで固定されたタイプは、専用のスナップリングプライヤ（穴用）を用いて取り外します。

　スナップリングはシリンダのハウジング（本体）の溝に挿入されています。スナップリングの穴にプライヤの爪を差し込み、リング中心に縮ませて手前に引きます。

　図5.3.2に示すチューブ径φ40mm以上のシリンダは、4本のタイロッド（軸）が使用され、ロッドとヘッドカバーを接続しています。締め付けトルク不良によるエア漏れやねじ部の損傷を防ぐために、分解前は必ずタイロッドの突き出しねじ部の長さを調べておきます。また、ヘッドカバーからピストンロッドを引き抜くときは、ロッドパッキンへの傷防止（エア漏れの原因）のため、先端「ねじ部」にテープを巻いて保護します。

ピストンパッキンには運動用が使われる

　パッキンは固定用（非可動部に使用＝Oリングなど）と運動用（可動部に使用）に大別され、ニトリルゴム（NBR）などの合成ゴムが使用されます。ピストンパッキンには、ピストンロッドの前進・後退時に漏れが発生しないように、運動用が使用されます（図5.3.3）。

（a）はリップ（唇）形状のパッキンを2つ使用したタイプを示します。パッキン交換時などは向きに注意して組み付けます（背合わせ）。

（b）は両利きのスクイズパッキンです。1つのパッキンでピストンロッドの前進・後退に対応します（Oリングとは断面形状が異なります）。

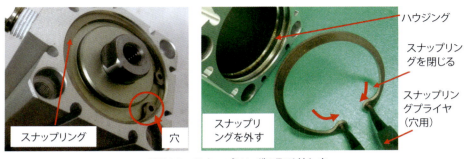

図5.3.1　スナップリングの取り外し方

図5.3.2　ピストンロッドの取り外し

図5.3.3　ピストンパッキンに使用される運動用シール

第5章　設備を長もちさせる正しい部品交換作業

ピストンパッキンは工具を使用せずに外せる

　パッキンを無理に取り外そうとすると、工具の変形や折損によって機器に傷をつけることとなります。取り扱いに注意して作業を進めます。ピストンパッキンを外す場合はグリスをウエスで拭き取り、パッキンを押し出すようにして浮き出たところを引き抜きます（**図**5.3.4）。

グリスを準備して組み付けよう

　グリスはリチウム石鹸基グリース（JIS2号相当）を使用し、パッキンすべてにグリスを塗布します。グリスを厚く塗り過ぎると排気口の目詰まりの原因となります。グリスは指先に少量取り、パッキン外周や筐体内部にも塗布します（**図**5.3.5）。

ピストンロッドを筐体に挿入する

　Vパッキンの向きと筐体への挿入方向を確認して、筐体に近い方を外しておきます。筐体への挿入後に、もう一方のVパッキンを取り付けることで、パッキンの損傷を防ぎます。（**図**5.3.6）。

　タイロットタイプはねじれが発生しやすいため、シリンダチューブ（本体外筒）とロッド・ヘッドカバーを組み付けるときには、定盤など平らなテーブルの上で均等に締めつけます（**図**5.3.7）。

シリンダの動作不具合

　シリンダの使用環境で異物や粉塵が多い場所では、ピストンロッドが傷つきやすく筐体内部やブッシュ（軸受）、パッキンを損傷させます（**図**5.3.8）。特に異物混入経路として、配管の外れや制御弁のサイレンサー（消音器）のつけ忘れがあります。サイレンサーはエア排出時に発生する消音効果のほか、機器内への異物の侵入を防ぎます。取り付け状態を見直します。

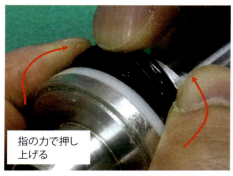

グリスをウエスで拭き取り、ピストンパッキンを両サイドから指の力で押し上げる

図5.3.4　パッキンの外し方

パッキンにグリスをすり込ませる。塗り過ぎると排気（サイレンサー）を目詰まらせる

図5.3.5　グリスの塗布

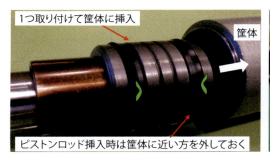

図5.3.6　ピストンロッド挿入時の方法

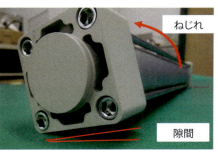

ねじれが発生するとエア漏れ原因となる

図5.3.7　組立時のねじれ防止

図5.3.8　異物混入による損傷

第5章　設備を長もちさせる正しい部品交換作業

5.4 制御弁の構造と主弁の動きを確認しよう

　方向制御弁は主弁切り換え方式の違いによって、動作不具合が異なります。スライド弁、ポペット弁、スプール弁の内部構造を確認します。

ソフトスプール弁は主弁にOリングが組み込まれている

　Oリングが複数組み付けられた主弁（スプール）を、ソフトスプール弁と呼びます（図5.4.1）。Oリング使用によって主弁切り換え時に漏れが少ないのが特徴です。しかしドレンなどの侵入によっては、Oリングの劣化によるエア漏れが発生します。

　ベース本体の供給Pポートには、ゴミの侵入を防ぐ金属フィルターが取り付けられています。Pポートの継手を外して、金属フィルターに付着した異物を除去します。金属フィルターが破損するとベース本体に入り込み、機器の動作不具合につながります。排気E（R）ポートにはフィルターはありません。

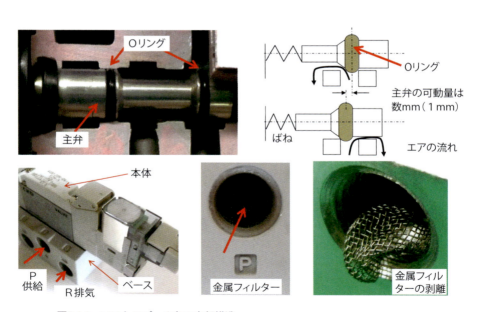

図5.4.1　ソフトスプール弁の内部構造
　　　　（電磁式5ポート2位置弁、パイロット式、DC24V、シングルタイプ）

メタルスプール弁にはクリアランスがある

図5.4.2にメタルスプール弁を示します。主弁（スプール）とスリーブ（外筒）はともに機械加工されて組み合わされているため、隙間（μm）があります。したがって、エアを供給（P）すると排気（E（R））ポートからわずかに漏れが確認できます。

シングルタイプは、後部に主弁（スプール）の原位置を決める「ばね」があります。挿入時にばねを曲げて取り付けると、主弁の切り換え動作不良になります（応答性の低下）。

主弁は工具を使わずに、回転させながら組み付けます。無理に挿入すると、引っかけてエア漏れの原因となります。

図5.4.2　メタルスプール弁の内部構造
　　　　（電磁式5ポート2位置弁、直動式、AC100V、シングルタイプ）

ポペット弁はシール性が高い

　図5.4.3にポペット弁を示します。主弁（鉄芯・I型プランジャ）先端にゴムパッキンが内蔵され、ベース面の２次側への空気通路を制御します。

　上下可動する主弁は、小さな動作で大きな流路を確保することができます。ほかの主弁に比べてシール性が高いのが特徴です。

　非通電時は、主弁がばね力で２次側通路を閉じます。通電時は主弁が吸着され、エアを２次側に流します。主弁先端のゴムパッキンの傷や劣化によって、エアが２次側にわずかに漏れます。

　分解したときは、円錐ばねの取り付けの向きを確認します（コイル側が口広）。

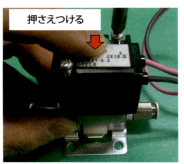

押さえつけて、ねじを外します

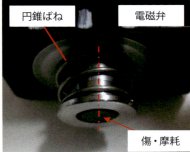

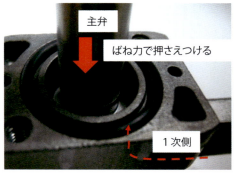

非通電状態（２次側に流れない）

通電状態（２次側に流れる）

図5.4.3　ポペット弁の内部構造（電磁式２ポート２位置弁、直動式、N・C、DC24V）

スライド弁は面接触でエアを切り換える

図5.4.4にスライド弁を示します。手動操作によってハンドルを円周方向に回し、空気の流れを切り換えます。

ポートの位置ずれを防止するため、本体にマーキングします。操作側の可動面（上面）が固定面（下面）をスライドするため、エア漏れが発生しないように、中央部にはスプリングで面を押しつけています。

分解時はケースカバー上面を手で押さえつけながら、4カ所の締結ねじを均等に外します（ねじ山の変形を防ぐことができる）。

シート材表面をスライドするため、傷や摩耗が発生すると目的のポート以外からエア漏れが発生します。傷を確認し、組付時にはシート面とOリングに、薄くグリスを塗ります。

均等にねじ ▼ を外す
1→2→3→4

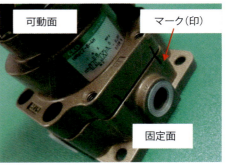

ケースカバーを外した状態

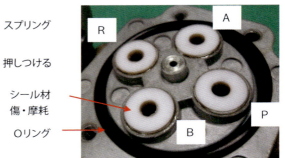

固定面

図5.4.4　スライド弁の内部構造（手動式オールポートブロック）

5·5 フィルターのエレメント交換をやってみよう

　フィルターエレメントは消耗品であるため、目詰まり状況を判断して交換することが必要です。エレメント交換の際は、必ず同じろ過度・サイズのものを用意します。以下に、エレメントの分解と点検箇所を確認します。

フィルタケースの分解と清掃をやってみよう

　図5.5.1にエアドライヤー用オートドレンフィルター（ドレン排出用フィルター）を示します。コンプレッサが起動中であってもフィルター内部の清掃は可能です。フィルタ内部の残圧を適切に処理して、ケースの分解手順を以下に記します。

1) ①止め弁を閉めて、フィルターへのエア供給を遮断する
2) ②ドレンコックを回して、ケース内のドレンと残圧を排出する
3) ③ケースのロックボタンを押しながら、回転（左右どちらかに45度回転）させてケースを下に引く（フィルターケースのタイプによって外し方が異なる
4) ④ドレンフィルターが金属タイプの場合は、軽く水洗いして異物を除去する。エアブローを行い、乾燥させて再利用する
5) ⑤ケースにはエア漏れ防止のためのOリングが付属される。Oリングを一度外して傷や劣化を点検し、グリスを薄く塗布してから装着する
6) ⑥フィルターのボウルケースが汚れていると、外観から内部の状況を判断しにくくなる。樹脂製のため溶剤や機械用洗浄液を使用すると、溶けてケース強度が下がる。また、ケース下部には異物が堆積する。洗浄の際はパッキンを外しておき、ケース内部に中性洗剤を溶かした水溶液を入れ、よく振って洗う

①止め弁を閉める

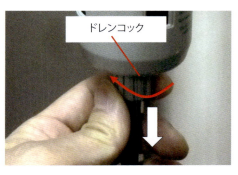
②ドレンと残圧を完全に抜く
（矢印の方向に回す）

③押しながらケースを回転（45度）させる

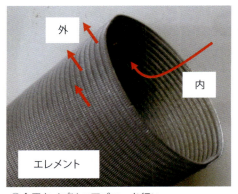
④金属タイプはエアブローを行い、
樹脂タイプは交換する

⑤Oリングにグリスを塗る。引っ張り
過ぎると変形する

⑥洗剤を水で薄めて、柔らかい方の
スポンジを使用する（パッキンは外す）

図5.5.1　フィルターケースの分解と清掃

第5章　設備を長もちさせる正しい部品交換作業　145

出力部の清浄度を保つフィルターはろ過度が違う

(1) エアフィルター（ろ過度5μm）の点検ポイント

ケースカバーを外し、工具を使わずにバッフルを左方向に回すと、エレメントが外せます（ねじ式になっている）。ケースカバー上部を確認し、異物が堆積していれば洗浄を行います（図5.5.2）。

(2) マイクロフィルター・油分除去用フィルターの点検ポイント

マイクロフィルター・油分除去用フィルターは、エアフィルターで除去できない微細な塵埃やオイルミスト、カーボンを除去します。特に、清浄な空気が必要な塗装や検査装置などに使用します（図5.5.3）。

水や油などの液状の異物は、ろ材で凝縮されてエレメント内部や表面を落下してケース内に溜まります（内で捕集して外に流す）。2次側の品質管理が厳格な場合が多いので、その他のフィルターのエレメントを含めて全体で交換する場合があります。性能の違いをエレメントの色によって分けているタイプもあります。

オートドレン（自動排水機能）を過信しない

オートドレン（自動排水機能）はケース内の「浮き」が動くことによって、一定量のドレンが溜まると排水されます。

一般的に圧力がなくなった状態で、手動でドレンを排出することができるN・O（ノーマルオープン）タイプが使用されます。N・Oタイプは無加圧時、オートドレンの作動に満たない量のドレンがケース内に残ります。したがって、終業前にドレンを手動で排出する必要があります。

図5.5.4にオートドレンコックの目詰まりによって発生したトラブルを示します。異物が上部の捕集エレメントで多量に堆積し、捕集量を超えるとオートドレンが目詰まりし、「浮き」が機能しなくなります。その結果、ドレンコックからエア漏れし、容器内部は白く濁ります。オートドレンも定期的なメンテナンスが必要です。

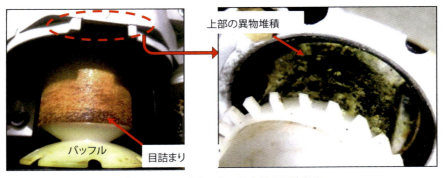

図5.5.2　フィルターケース内部の目詰まり

①マイクロミストセパレータ/0.01μm（捕集効率99%）/プラスチックフォーム

②ウォーターセパレータ（水分除去率99%）/パンチングメタル

図5.5.3　マイクロフィルター・油分除去用フィルター

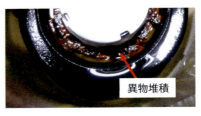

＜容器下部の異物堆積状態＞

・異物が堆積すると、ドレン除去ができずケース内が白く濁る

図5.5.4　オートドレンの目詰まり

第5章　設備を長もちさせる正しい部品交換作業

5·6 レギュレータの調圧不具合を確認しよう

　フィルターで除去できない異物やドレンの影響を受けると、レギュレータの動作不具合が発生します。その対策は、内部構造を把握して不具合原因を確認することから始めます。

レギュレータは内部のばね力を開放してから分解しよう
　図5.6.1に直動形減圧弁（リリーフタイプ）の構造を示します。初めに調弁スプリングの圧縮を緩めてから、分解作業を行います。

レギュレータで発生するトラブルを確認しよう
(1) ダイヤフラムが破損すると常時エア漏れが発生する（P1）
　ダイヤフラムがゴム製である場合、劣化によって亀裂が発生します。その結果、１次側のエアがレギュレータ本体から常時漏れ出ることになります（**図5.6.2**）。

(2) ダイヤフラムが目詰まると２次側の降圧調整ができない（P2）
　ダイヤフラム中心部の穴（φ1mm）に異物が詰まると、２次側のエアを廃棄（リーク）できません（**図5.6.3**）。この際は、１次側のフィルターから異物が混入したことが考えられます。特にエレメントの組付が悪いと、１次側の異物がそのまま２次側に流入します（**図5.6.4**）。

(3) 主弁にゴミが詰まると１次側の高圧値を示す（P3）
　主弁と本体が接触することにより、１次側のエアを遮断します。しかし、主弁のシート部にゴミ詰まりや傷があると、１次側の高圧エアが２次側に流れ込みます（**図5.6.5**）。こうなると、調圧ハンドルを操作しても圧力は高いままを維持し、降圧調整もできなくなります。

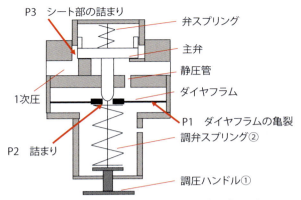

図5.6.1 レギュレータに発生するトラブルポイント

図5.6.2 ダイヤフラムの劣化
（ノンリリーフタイプ）

図5.6.3 「ばね力」の開放

図5.6.4 組付ミスの防止

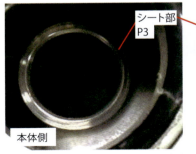

図5.6.5 主弁シート部の詰まり

ここがポイント
○ばねが内蔵された機器は、必ずばね力を開放してから分解を行う
○エア漏れやゴミ詰まりは2次側への圧力変動に影響する

第5章 設備を長もちさせる正しい部品交換作業

機器を分解したら接続部のガスケットも交換しよう

(1) ノンリリーフレギュレータの使用箇所

　図5.6.6にノンリリーフタイプのレギュレータを示します。ノンリリーフタイプのレギュレータは、コンプレッサからの高い設定圧力を下げること（降圧）を目的として使用されます。

　特徴としてはダイヤフラム中央部に、2次圧力を降圧させるリーク用の穴がないことです。また、ダイヤフラムはコンプレッサからの熱に耐えられる、金属タイプが使用されます（機種によってゴム製のものがある）。

(2) 機器を分解して、エア漏れ原因を突き止める

　長期使用によるパッキンの劣化によって、機器本体の接合部からエア漏れが発生します（図5.6.7）。金属製のダイヤフラムを外すと、厚さ0.5mm程度の板状のガスケット（パッキン）が確認できます。

　接合部にグリスを塗布してもエア漏れが発生する場合は、金属ヘラ（スクレーパ）を使用して古いガスケットを剥離します。このとき、レギュレータの型番からガスケットをあらかじめ取り寄せておきます。

　金属タイプのダイヤフラムは、本体との接続部をブラシなどでこすると汚れを除去できます。組立の際はガスケット、ダイヤフラムの接合部にグリスをつけて、均等にねじを締めます。

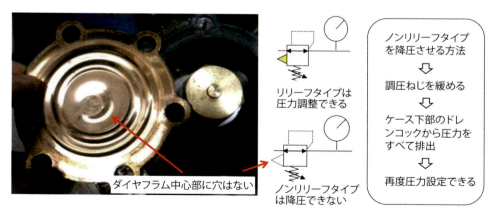

図5.6.6　ノンリリーフ形レギュレータの内部構造

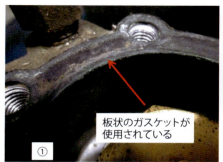
① 板状のガスケットが使用されている

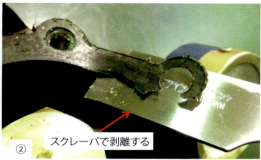
② スクレーパで剥離する

本体（アルミ）を傷つけないように、ガスケットのみ剥離する

③ 紙やすり

目の細かい紙やすり（#1000）でガスケットの付着を除去する

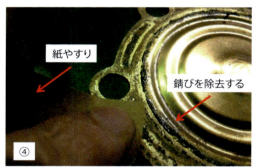
④ 紙やすり　錆びを除去する

紙やすりで表層の錆びを除去する

⑤ 手締めする　手締めする

6本のボルトを先に挿入させて、対称のボルトを手締めする

⑥ 番号に従って均等に締める

図5.6.7　ノンリリーフタイプのガスケットの劣化と交換手順

ここがポイント
○ガスケットは厚み、材質が豊富。購入して自作もできるが、ねじ穴の位置や形状通りにカッターやハサミで製作するには手間がかかる

第5章　設備を長もちさせる正しい部品交換作業

5.7 ルブリケータの滴下不具合を確認しよう

給油履歴を確認しよう

　給油システムで発生するトラブルの多くは、滴下調整量がわからないために、とりあえずルブリケータに油を入れたまま放置してしまうことです（図5.7.1）。給油履歴もなく、容器内部の油は沈殿や変色、ヘドロが堆積も見受けられます。

　油の劣化原因には、ドレンやコンプレッサオイルの混入が考えられます。潤滑油が劣化している場合は、容器内の油を廃棄して新たに給油します。

機器の分解清掃

　油が劣化することで、導油管やエレメントが目詰まりしていることがあります。このときは導油管からエレメントを外し、圧縮エアで管内部を清掃します（図5.7.2）。また、油の劣化により滴下窓が汚れていると、滴下状態を正しく確認できません。そこで、給油口（フィルプラグ）や油量調整ねじも本体から外して清掃します（図5.7.3）。

　容器を外すと、パッキンには油や異物が付着しています（図5.7.4）。パッキンを一度外してつぶれや傷などを確認します。パッキンがつぶれた状態で組み付けてもシール性は得られず、エア漏れが発生して給油できなくなります（差圧が発生しないため）。

ここがポイント
- 給油履歴を確認
- 油の減りが早いと無給油状態で稼働させるため、シリンダパッキンの劣化が促進
- 給油過多は排気フィルターの汚染につながる
- 容器を本体から取り外すときは、残圧処理をしてから、ケース内の油の飛まつに注意して作業を行う

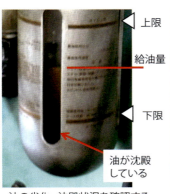

油の劣化・沈殿状況を確認する

油の劣化・ヘドロ堆積

図5.7.1　給油履歴と油の劣化・沈殿状況を確認する

導油管

エレメント

圧縮空気を吹き込む

図5.7.2　エレメントの洗浄

ここがポイント
○導油管を本体から取り外す
○導油管とエレメントが接続された状態で、圧縮空気を吹き込む

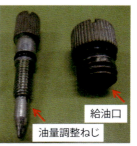

滴下窓

給油口

油量調整ねじ

汚れていると、滴下状態が判断できない

滴下窓を外すと二重構造になっている

パッキンの劣化、ねじ部の錆びを確認

図5.7.3　滴下調整部の分解清掃

油が堆積

異常

パッキンのつぶれ

ウエスでねじ溝部の錆びを落とす

給油口の清掃

ケースにはめ込まれたパッキン

図5.7.4　ねじ部の清掃とパッキンの交換

第5章　設備を長もちさせる正しい部品交換作業

ルブリケータは設置場所によって給油量が違う

　ナットツール（ねじ締め工具）の滴下量は、ナットを10〜20本締結するごとに1〜2滴／分とメーカーから指示されています。また、機器によってはシリンダ10往復で1滴などとされます。

　ルブリケータからのエア配管長さは3m以下と指示されますが、出力機器の動作（使用頻度）や配管の長さなど設備の状況により、オイルの滴下量は異なります。ルブリケータ設置状況をもとに、滴下環境について考えてみます。

ルブリケータ設置のポイントを確認しよう

　図5.7.5に工作機械で使用されるF・R・Lユニットと配管経路を示します。設置ポイント［P1〜P6］について給油および配置状況を確認します。

　◇P1：ルブリケータ容器内の潤滑油量は外観から確認します。適量が入っていても、油量調整ねじの絞り過ぎや導油管が外れていると、給油しません。すなわち、油の減りがない状態となります。前回給油した日はいつ頃かなど、給油履歴の確認が必要です。

　◇P2：ドレンコックを開放して容器に油を注ぎ、油の変色状況を確認します。新油に交換しても油の変色（白く濁る）が起きる原因として、1次側フィルターのドレン混入が考えられます。そこで、フィルターの点検とドレン除去を実施します。

　◇P3：油の滴下はどのくらいの頻度で行われているか確認します。設備が稼働すると、エアが流れて油が滴下します。このシステムでは、工具交換用シリンダと主軸回転用シリンダのそれぞれに、電磁弁が使用されています。切り換え頻度は加工製品によって異なるため、油の使用量は定量化できません。そのようなときはルブリケータの容器に印をつけて、油の減り具合を確認するとよいでしょう。

　◇P4：シリンダやエアモータなど往復動作する場合は、電磁弁の前にルブリケータを設置します。配管長さは短くすることで損失を減らせます。なお、エア配管は0.5mと短く、配管内径はφ8と太く、損失が発生しないように取り付けてあります。

　◇P5：出力機器（シリンダ）1台に対して、1台のルブリケータを基本とします。ルブリケータからは、2つの電磁弁に分岐・給油されています。このシステムでは、電磁弁は同時には動作しません。同時動作の場合は、シリンダの稼働速度やサイズによって油の供給が変化します。

◇P6：ルブリケータは出力機器の近くに配置し、途中配管をループさせないようにします。また、ルブリケータと出力機器の立ち上げ配管は3m以内とします。配管長さが長い場合は、出力先に給油が十分行われているかどうかの確認が必要です。

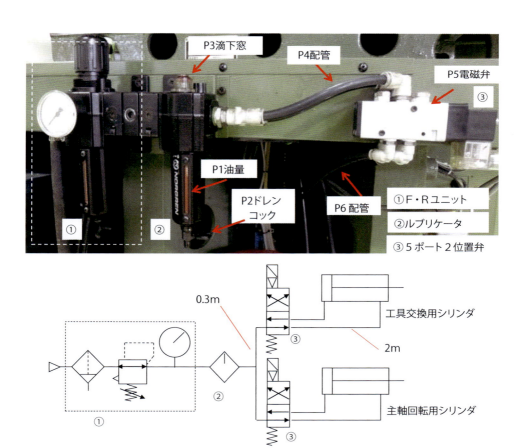

図5.7.5　F・R・Lユニットの配置と配管経路

第5章　設備を長もちさせる正しい部品交換作業

5.8 シリンダの衝撃対策

　シリンダはピストンロッドが稼働したときに、ストロークエンド（前進端、後退端）で最も衝撃を受けます。シリンダの損傷を防ぐためにも、衝撃緩和の方法と注意点について確認します。

衝撃緩和器の活用事例
　比較的小型のシリンダでは内部にゴムを挿入し、クッションとしての役割を果たします。しかし、ロッドの動作速度を早くすると、加速度が発生してゴムでは衝撃に耐えられず、機器の損傷につながります。このような場面では衝撃緩和器を使用します。衝撃緩和器は、ショックアブソーバ（ショックキラー）と呼ばれ、内蔵されたばねや油によって衝撃を徐々に吸収させます（図5.8.1）。

ショックアブソーバの調整作業をやってみよう
　衝撃緩衝器の最適な調整は、加速度がついたスライダー（テーブル）の衝撃を、じわりと吸収（緩和）することです。したがって、バウンドしないように調整することが必要です（図5.8.2）。特に衝撃緩和器は単独での使用は避け、

<スライダー稼働中>
①衝撃緩和器　　③取付板
②ストッパボルト　④スライダー（テーブル）

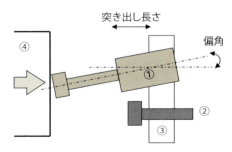

衝撃緩和器の取り付けが悪いと（突き出し長さや偏角）、衝撃吸収効果が得られず寿命を縮める

図5.8.1　衝撃緩和器の取付状態

ストッパボルトと併用することで損傷を防ぐことにつながります（図5.8.3）。また、ストッパボルトに接触して停止したとき、衝撃緩和器は<u>ストロークエンド</u>に達しないように、少し余裕を持たせて組み付けます（図5.8.4）。

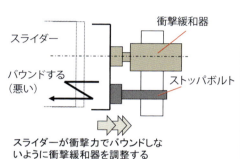

図5.8.2　衝撃時のバウンド回避

最適な調整状態
衝撃緩和器は衝撃を吸収し、ストッパボルトでスライダーを停止させる

図5.8.3　衝撃緩和器のヘッドカバーの損傷

間違った調整状態
衝撃緩和器がストロークエンドに達し、ストッパボルトが機能していない

図5.8.4　衝撃緩和器を損傷させない調整方法

第5章　設備を長もちさせる正しい部品交換作業

エアクッションの調整作業をやってみよう

シリンダチューブ径（シリンダ外筒）が太くなると（φ40mm〜など）その分、推力が増します。この推力を緩和させるために、エアの圧縮性を利用したものがエアクッションです。

ピストンロッドの前進端または後退端で衝撃音（カツンカツン）が鳴っている場合は、エアクッション効果が得られていません。この状況が続くと、シリンダの破損（エア漏れ原因）を招きます。

エアクッションの動作原理

図5.8.5にエアクッション方式のシリンダ内部構造を示します（後退側）。
a：ピストンロッドの後退に伴い、ポートからエアが排出される
b：ピストンロッドが動作し続けてクッションリングに接すると、空気の逃げ場がなくなってエア溜まり（エアクッション）ができる
c：エア溜まりはニードル弁を通してポートから徐々に排出される

ニードル弁の調整方法

ニードル弁の構造を図5.8.6に示します。ニードル弁を緩め過ぎると、エアがニードル弁から漏れてクッション効果が得られません。

逆にニードル弁を締め過ぎるとエア溜まりができ、ピストンロッドがバウンドしてリミットスイッチがチャタリングを発生させます（図5.8.7）。

ニードル弁の調整は、シリンダ加圧状態で行います。初めはニードル弁を緩

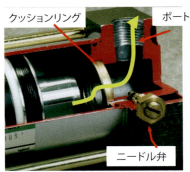
(a) エアが排出される

(b) エア溜まりができる（クッション）

(c) ニードル弁を通してわずかずつ排出される

図5.8.5　シリンダ内部構造（エアクッションタイプ）

めておき、徐々に締めながらストロークエンドでの衝撃音が発生しない状態を見つけます。このとき、クッションによるバウンドが発生しないように、ピストンロッドの動きを見ながら調整します。

　ピストンロッドは必ずストロークエンドに達していなければなりません。最後にニードル弁をロックナットで固定してから、リミットスイッチの検出状態を調整します。

図5.8.6　ニードル弁の構造

ここがポイント
○ニードル弁を調整してもクッション効果が得られない、またはエア漏れが発生しているときはパッキンが摩耗・劣化していることが考えられ、分解して状態を確認する

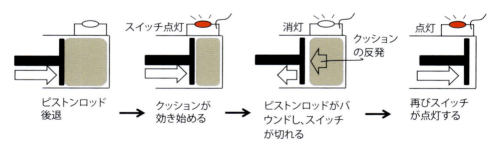

図5.8.7　エアクッション調整不良によるチャタリングの発生

ここがポイント
○エアクッションの効き過ぎは、シリンダスイッチの検出不具合になる
○エアクッションの効果を得つつ、ストロークエンドでシリンダスイッチを適正に検出させる

第5章　設備を長もちさせる正しい部品交換作業　159

Column5 磁気近接用スイッチを交換（購入）する際は機種を確認しよう

センサーには2線式と3線式がある

　シリンダセンサーを交換する場合には、センサーの配線を間違えないこと。本数の違いは制御機器への配線が異なります。

　2線式は、接点がオン（ON）していないときにも、微弱な電流は流れています。最近ではPLCの普及により、省配線形の2線式が多くなっています。

　3線式は、電源線2本（＋、－）と信号線です。3線式は配線工数がかかりますが、内部電圧降下が小さいため、微弱な電流が流れて制御が誤動作するような場合に使用されます。

センサーのトランジスタ出力にはNPNとPNPがある

　磁気近接用スイッチを選択するとき、日本国内では主にNPNタイプが使用されます（PNPタイプは主にヨーロッパで使用）。ランプや電磁弁などの負荷を接続する位置が異なります。配線を間違えると機能しなくなるため、カタログなど記載された型式を確認して交換（購入）します。

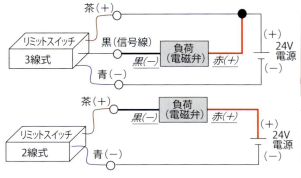

使用中の磁気検出スイッチ（リミットスイッチ）は2線式それとも3線式?

電磁弁のDC24V仕様は赤（＋）、黒（－）の2線です

スイッチとの配線を確認します

○3線式のうち2線のみ使用すると、回路構成が異なるためスイッチを損傷する
○磁気近接用スイッチを選択するとき、日本国内では主にNPNタイプが使用される
　（PNPタイプは主にヨーロッパで使用）

ひとりで全部できる
カラー版 空気圧設備の保全

第 6 章

空気圧設備の動作不具合の原因

6・1 機器のサイズが小さいと シリンダ動作が得られない

　システムに使用される機器にはそれぞれサイズがあります。サイズはどのようにして決められるのでしょうか。生産現場でシーケンス動作を変更した結果、機器が思うように動作しなかった原因について検証します。

サイクルタイムの確認

　1本のシリンダを前進・後退させるタイミングチャートを図6.1.1に示します。

　ポイントは、ピストンロッドが前進端に達すると、リミットスイッチ（LS）が検出します。同時に、シリンダに設けた圧力スイッチが0.5MPaに到達したことを検出して、電磁弁が切り換わりピストンロッドが後退します。これを信号のAND回路と呼びます

　サイクルパターン1では、前進・後退それぞれ5秒（5s）で動作させています。サイクルパターン2では、前進・後退それぞれ1秒で動作させるため、流量制御弁の開度を調整しました。その結果、サイクルパターン1よりも、わずかに動作が早くなったものの、システム全体として理想の速度は得られませんでした。

　また、シリンダ動作中のレギュレータの設定圧値が大きく振れるようになりました（0.5MPa〜0.35MPa）。これらの原因についても考えてみます。

機器によって流せる空気の量には限界がある

　シリンダの動作速度を速めるには、単位時間当たりに空気を供給し、同時に排気させなければいけません。今まで使用していた機器が、この速度上昇に対応できているか、空気流量を求めてみます。

　図6.1.2はピストンロッドを動作させるのに、必要な空気流量計算式を示します。計算結果から、早く動かすには多くの空気（90L/min）を供給する必要があることがわかります。

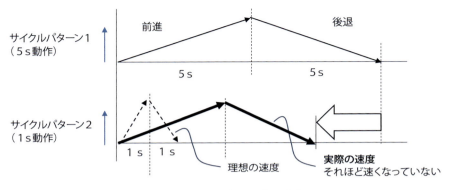

図6.1.1　シリンダ前進・後退速度

流量計算式

$$Q = \frac{\pi}{4} \times D^2 \times L \times \frac{60}{t_1} \times \frac{P + 0.1013}{0.1013} \times 10^{-6}$$

Q：ピストンロッドが出るときの必要流量(L/min[ANR])
t_1：ピストンロッドが出るのに要する時間(sec) −−−−−−−−−−1秒、5秒
D：空気圧シリンダの内径(mm) −−−−−−−−−−−−−−−−−40mm
L：空気圧シリンダのストローク(mm) −−−−−−−−−−−−−−200mm
P：使用空気圧力(MPa) −−−−−−−−−−−−−−−−−−−−−0.5MPa

流量計算をやってみよう

ゆっくり動かす(5秒)

$$Q = \frac{\pi}{4} \times (40)^2 \times 200 \times \frac{60}{5} \times \frac{0.5 + 0.1013}{0.1013} \times 10^{-6}$$

$= 18 \text{L/min}$

早く動かす(1秒)

$$Q = \frac{\pi}{4} \times (40)^2 \times 200 \times \frac{60}{1} \times \frac{0.5 + 0.1013}{0.1013} \times 10^{-6}$$

$= 90 \text{L/min}$

図6.1.2　シリンダピストンロッド動作に必要な空気流量計算式

第6章　空気圧設備の動作不具合の原因

レギュレータは空気を流すと2次側圧力が低下する

システムに利用された小型レギュレータの流量特性を、図6.1.3に示しました（流量特性はカタログなどにも記載されています）。レギュレータは、エアが消費されなければ設定圧0.5MPaを維持し、ピストンロッドが動作すると徐々に圧力が減ります。

◇5秒動作（18L/min）では、0.45MPaまで圧力が低下

◇1秒動作（90L/min）では、0.38MPaまで大きく圧力が低下

ピストンロッドが停止するとエアの消費が止まり、設定圧まで徐々に復帰します（図6.1.4）。そして、圧力が0.5MPaに達すると後退信号を出すため、使用流量が多い場合には圧力の応答性が遅れて、動作速度に影響することがわかります。

また、レギュレータの圧力変動は設定圧の10%以下とされます。したがって使用された機器サイズでは、1秒動作（90L/min）の0.38MPaでは圧力降下が大き過ぎます。使用流量に応じて機器を再選定しなければ、目的の動作は得られません。

レギュレータのサイズを変更する

レギュレータサイズをひと回り大きなものを選定します（図6.1.5）。これにより、1秒動作（90L/min）では0.47MPaを確保できます。実際にシリンダを動作させると、目的のサイクルタイムが得られます。

実際には1つの機器だけサイズを大きくしても、エアラインの途中に空気の流れを妨げる抵抗があると、サイズ変更も無意味になる場合があります。したがって、制御弁も同時にひと回り大きなサイズに変更することを検討してもよいでしょう。

一方で、配管のサイズ変更やムダに長い配管は圧力損失となり、多量の空気を流せません。このように機器を選定することをサイジングと呼びます。

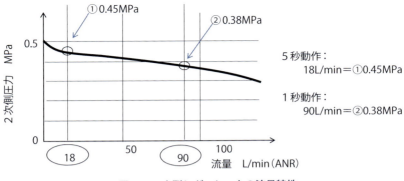

図6.1.3　小型レギュレータの流量特性

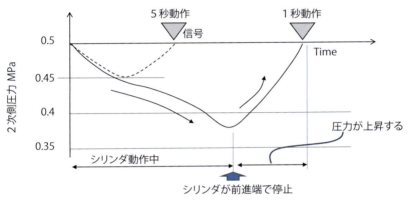

図6.1.4　動作に要する時間

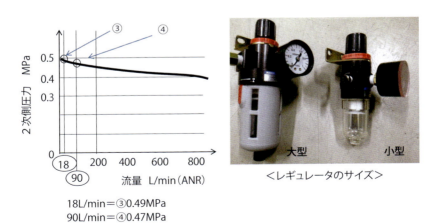

18L/min＝③0.49MPa
90L/min＝④0.47MPa

図6.1.5　大型レギュレータの流量特性

第6章　空気圧設備の動作不具合の原因

6・2 パイロット形シングルバルブの動作不具合を確認しよう

　複動形シリンダやパイロット形シングルバルブの使用時に、シリンダのサイクルタイムに遅れが発生しました。正常な動作と比較し、不具合原因について考えましょう。

ピストンロッド前進時の動作不具合を考える
　タイミングチャートを**図6.2.1**に示します。

<u>正常動作</u>：電磁弁切り換え信号が入ると（ON）ピストンロッドが前進し、信号が切れると（OFF）後退する

<u>不具合動作</u>：信号が入って数秒後（1〜2秒）に**前進**する。後退動作に遅れは発生しない

（1）電磁弁切り換え動作を確認する
　図6.2.2に電磁弁内部の異常原因を示します。

<u>非通電時の動作確認</u>

　シングルタイプはエアが供給されると、2つの通路に分かれます。

　◇Bポートからエアが供給して、ピルトンロッドを後退させる通路①

　◇パイロット導管（φ1mm）を通り、パイロット弁まで供給される通路②

<u>通電時の動作確認</u>

　スプールは、ばね力で左方向に押しつけられています③。

　ピストンロッドを前進させるには、コイルを通電（励磁）し④、パイロット弁を吸着してパイロット圧力⑤を導き、スプールを右方向に切り換えます。

（2）原因を考える
　電磁弁を切り換えるには作動圧力（0.2MPa）が必要です。異物がパイロット導管に詰まっている⑥ため、パイロット圧力の上昇に時間がかかり、動作遅れとなります。このようなときは、供給配管およびシリンダ内部からの異物混入が考えられます。

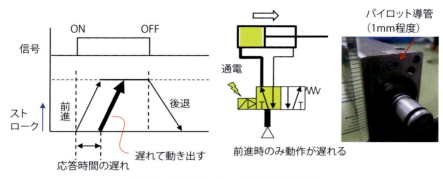

図6.2.1　ピストンロッド前進動作の遅れ

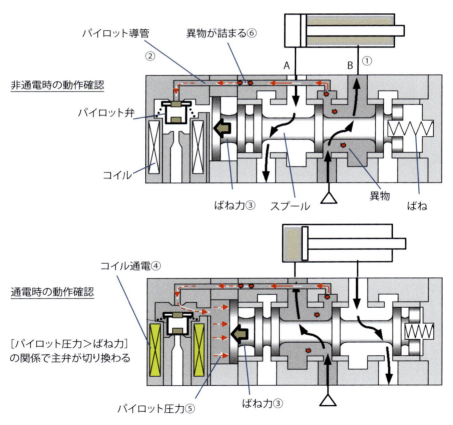

図6.2.2　ピストンロッド前進時の動作不具合

第6章　空気圧設備の動作不具合の原因

ピストンロッド後退時の動作不具合を考える

タイミングチャートを図6.2.3に示します。

正常動作：電磁弁切り換え信号が入ると（ON）シリンダピストンロッドが前進し、信号が切れると（OFF）後退する

不具合動作：ピストンロッド前進端で信号が切れて、数秒後（1～2秒）に後退する。前進動作に遅れは発生しない

(1) 電磁弁切り換え動作を確認する

図6.2.4に電磁弁内部の異常原因を示します。

通電時の動作確認

パイロット圧力①は、ばね力②より強く作用し、スプールが右側に切り換わっています。したがって、ピストンロッドは前進します。

非通電時の動作確認

コイルを消磁（非通電）させると、パイロット弁③は復帰してパイロット導

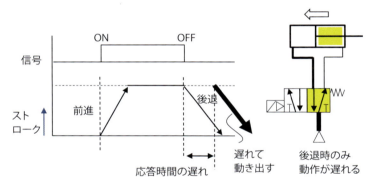

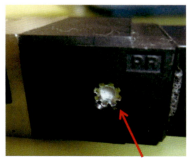

図6.2.3　ピストンロッド後退動作の遅れ

管をふさぎます。このときスプールを押していたパイロット圧力①は、電磁弁のPRポート④から大気に抜けます。これによりパイロット圧力は低下し、再びスプールはばね力を受けて左側に移動し、ピストンロッドは後退します。

　しかし、異物がPRポート④に詰まっていると、パイロット圧力①が低下しません。時間が経過すると、徐々にパイロット圧力が排気されます。ピストンロッド後退時の動作遅れは、PRポートの異物詰まりが原因です。

(2) サイレンサーの詰まりを確認する

　サイレンサー（消音器）が目詰まると、エアを排気することができず、シリンダの動作遅れに影響します。動きに不具合が発生したときは、サイレンサーを取り外してシリンダを動作させてみましょう。

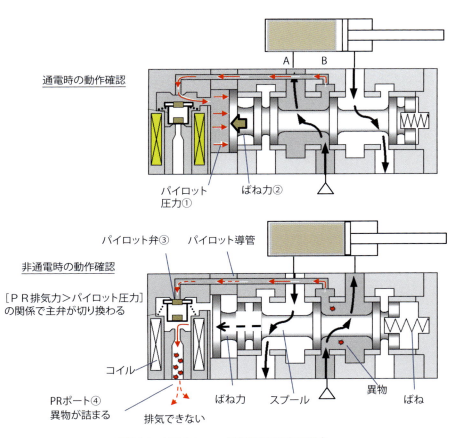

図6.2.4　ピストンロッド後退時の動作不具合

第6章　空気圧設備の動作不具合の原因

6・3 3ポート2位置弁複列式バルブの動作不具合を確認しよう

　複列式バルブを使用した設備において、起動信号を入れてもブレーキが作用し、設備が動かない現象が発生しました。使用機器の機能や回路図を確認し、原因について考察します。

システムの動作を確認しよう

　3ポート2位置弁複列式バルブの外観とエア回路図を図6.3.1、図6.3.2に示します。

　3ポート2位置弁複列式バルブは同じ機能を持つバルブが、2つ並列につながれたパラレルフロー構造（複式）になっています。2つの電磁弁を同時にONするとブレーキが解除され、OFFするとブレーキが作用します。また、両方の電磁弁が同時に故障する確率は極めて低いので、安全性を十分確保した作業が可能となります。

　バルブはパイロット形電磁弁N・C（ノーマルクローズ）を使用しているため、電磁弁を切り換えるにはエア作動圧（0.2MPa）と電圧100Vの供給が必要です。

ブレーキユニット

複列式バルブ（N・C）

図6.3.1　3ポート2位置弁複列式バルブ外観

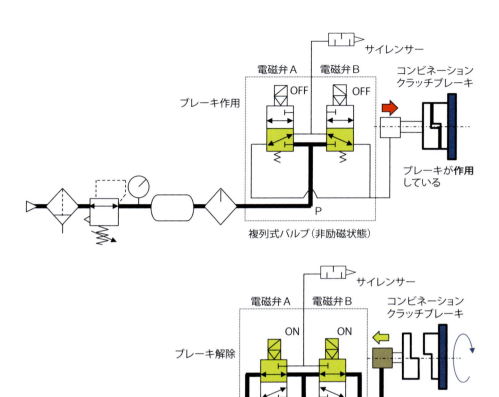

図6.3.2 エア配管回路図

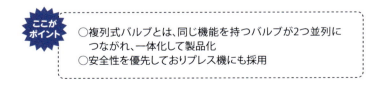

○複列式バルブとは、同じ機能を持つバルブが2つ並列につながれ、一体化して製品化
○安全性を優先しておりプレス機にも採用

第6章 空気圧設備の動作不具合の原因

システムの不具合原因を考える

システムは、常にブレーキが作用した状態（ロック）で保たれています。すなわち、規定のエア圧力をブレーキに作用させることで解除（アンロック）され、設備を動かすことができる仕組みです。

ところが、設備を動作させるために電磁弁を切り換えたところ、サイレンサー（排気ポート）からエアが放出し、ブレーキが解除されない現象が発生しました。

タイミングチャートを作成する

図6.3.3に、2つの電磁弁に作用する供給エア圧とブレーキ作用状態をタイミングチャートで示しました。

複列式バルブの特徴として、クラッチ・ブレーキシリンダへの圧力が規定圧力の10%以下では動作しない設計になっています。すなわち電磁弁をONしたときに、2つのうちのいずれか一方の電磁弁が故障して動かない場合は（電磁弁A）、エアが大気に開放され、規定圧力に達しません。

電磁弁を点検する

電磁弁には、信号による切り換わりを判断するランプが付属していないものがあります。このようなときはバルブ単体に電気を供給し、エアの切り換わりを確認する必要があります。

このようにして調べた結果、電磁弁A側が切り換わらないことが判明しました。これは、電磁弁の経年劣化が原因でした。そこで機器を交換し、動作確認を実施します。

なお、機器を分解した際は、電磁弁内部のパッキン類の劣化についてもあわせて調べておくとよいでしょう。

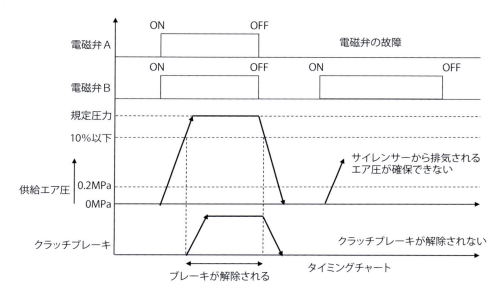

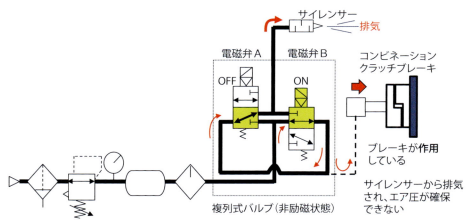

図6.3.3 複列式バルブの不具合

第6章 空気圧設備の動作不具合の原因

6・4 マニホールドを使用した出力機器の動作不具合を確認しよう

電磁弁には、単独で使用する場合と、複数の電磁弁を1つのブロックにまとめて使用するマニホールドタイプがあります。マニホールドブロックに3つの電磁弁を設置してシリンダを動作させたところ、シリンダ単独動作では正しく動いているものの、複数同時に作用させると誤動作することがあります。この原因を探ってみましょう。

マニホールドタイプの特徴

マニホールドは供給と排気をベース内で共通化したもので、JISでは3個以上のバルブが近接して使用される場合に、マニホールドが望ましいと規定されています。

図6.4.1に複動シリンダA、Bと単動シリンダCを組み合わせた回路を示します。それぞれ単独でも制御可能とし、ピストンロッド前進時は排気ポートR2、後退時は排気ポートR1を通って排出されます。

タイミングチャートからシステムの不具合箇所を探す

システムの誤動作には、同じシーケンス動作であっても毎回発生しないものと、毎回同じタイミングで発生するものがあります。毎回発生しない原因として、電磁弁内部で異物などを噛み込んだときは誤動作し、異物が除去されたときは動きが良くなります。

毎回同じタイミングで発生するのであれば、電磁弁がノイズの影響を受けて電気的に誤動作を発生する場合も考えられます。まずはどのようなタイミングで誤動作が発生するか、タイミングチャートを描いて確認します。

タイミングチャートからわかること

図6.4.2にタイミングチャートを示します。サイクルパターン1（単独動作）では、不具合は発生せずに稼働します。しかしサイクルパターン2（並列動作）では、複動シリンダAとBが同時に後退すると、単動シリンダCのピストンロッドがわずかに前進動作します（誤動作）。

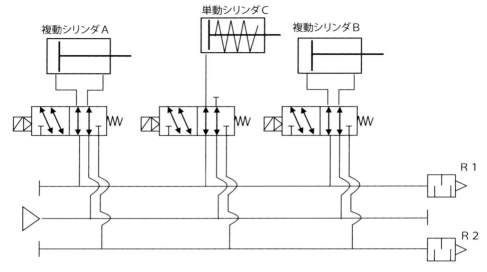

図6.4.1　マニホールドに接続した機器の組み合わせ

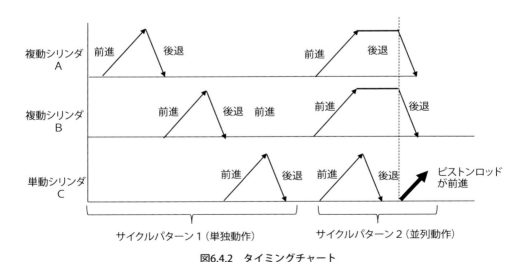

図6.4.2　タイミングチャート

第6章　空気圧設備の動作不具合の原因

排気時に発生する「背圧」に注意する

複動シリンダAとBが同時に後退するとき、シリンダ内部の背圧がマニホールドを伝って、排気ポートR1から排出されます。このときスムーズに排気されればよいのですが、排気ポートの目詰まりや多量の空気を一度に排出する場合は抵抗となります。

抵抗は、マニホールド内部では背圧として不具合を起こします。その結果、背圧が単動シリンダCに入り込み、ピストンロッドがわずかに前進する誤作動につながりました（図6.4.3）。

対策を考える

図6.4.4に、電磁弁に取り付けた逆流防止弁を示します。これによって、排気圧力の巻き込みを防ぐことができます。

同一マニホールド内で複数の電磁弁が同時に切り換わる場合、給気や排気が十分に行われるように、配管のサイズやサイレンサーの目詰まりに注意する必要があります。

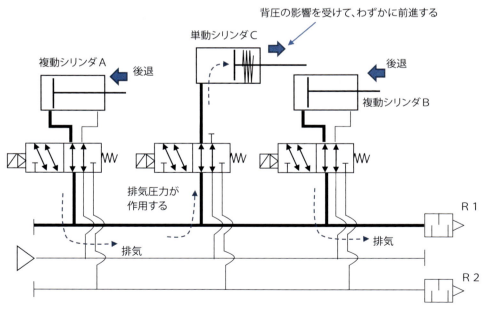

図6.4.3　背圧の影響を受けてシリンダが飛び出す

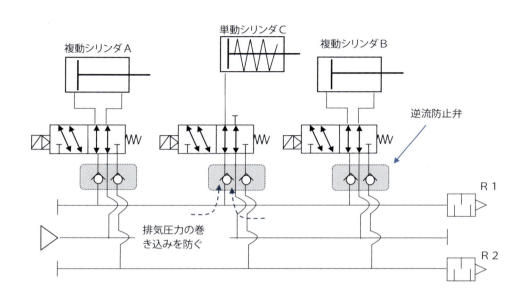

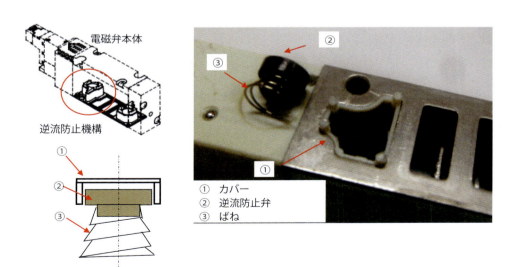

図6.4.4 電磁弁に取り付けた逆流防止弁

第6章 空気圧設備の動作不具合の原因

6・5 ソレノイドバルブからの「うなり音」を確認しよう

　交流型電磁弁（ACソレノイドバルブ）の使用の際、「うなり音」が発生した場合は異物混入が原因と考えられます。2つの事例を確認します。

　スポット溶接作業時の電磁弁の不具合を確認します。主電源を入れて溶接作業を行うため制御信号を入れると、電極用シリンダが動作せずに電磁弁から「うなり音」が聞こえました。この原因について追究します。

回路図を確認しよう

　図6.5.1に空気圧回路図を示します。電極は上下に取り付けられています。下電極は固定式、上電極はシリンダの上下動作によって可動します。

　設定圧は0.6MPaに調整され、材料に応じて制御装置側で圧力を切り換えることができます。電磁弁には5ポート2位置弁、AC100V、直動型シングルタイプが使用されています。

電磁弁からのうなり音は電流特性が影響する

　電磁弁には直流タイプ（DC12V、24V）、交流タイプ（AC100V、200V）があります。図6.5.2に、直流（DC）と交流（AC）それぞれの電磁弁に作用する電流特性を示します。

(1) 交流（AC）の特性

　コイルに電流が流れると、プランジャ（可動鉄心）は吸着されます。交流電流を使用すると吸着部の動作状態（プランジャストローク）により、電流値が変化します。吸着状態（ストローク0mm）では、電流値が低く安定した状態になります。

　通電状態でゴミなどの異物混入によりプランジャが吸着されなかった場合は、大きな電流が流れ続け、コイルの温度が上昇して焼損することがあります。このとき交流周波数が安定せず、うなり現象が発生します。

(2) 直流（DC）の特性

　吸着部の動作状態（プランジャストローク）に関係なく、電流値は一定です。このため過電流によるコイル焼損が発生しにくく、交流ソレノイドのようななうなり現象の発生はありません。

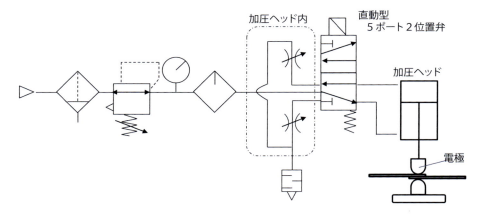

図6.5.1 スポット溶接のエア配管系統図

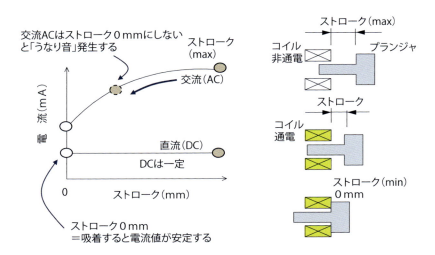

図6.5.2 電磁弁に作用する電流特性

第6章　空気圧設備の動作不具合の原因

内部状況を確認する

図6.5.3に電磁弁の通電部分を分解した状態を示します。コイルとT形プランジャに錆が発生しています（うなり現象の原因）。電磁弁本体とベースを取り外すと、パッキンおよびベース内部に異物混入が確認できます。

異物混入の発生原因を考えよう

設備導入後、1次側のF・R・Lユニットの点検履歴がないことから、異物混入を調査します。その結果、フィルターエレメントの劣化やルブリケータ油が劣化し、給油されていない現象が発生していました。

また油がなくなる無給油状態では、バルブ内部の初期潤滑剤の消失によって動作不良が発生します。給油は必ず続けて行うようにします。

T形プランジャ、コイルの錆び

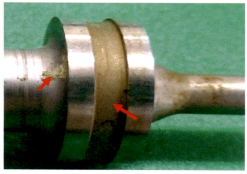
主弁の錆び

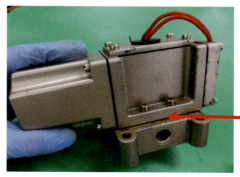
接合部のパッキンを外す

機器内部に異物付着

図6.5.3　電磁弁内部への異物混入による動作不良

電磁式自動排出器からの「うなり音」を確認しよう

　生産規模によって終日コンプレッサの電源を入れたままにしていると、ドレン量も多くなります。設備稼働中に一定時間ごとにドレン排出を目的とする、電磁式自動排出器（オートドレントラップ）の設置も見受けられます（図6.5.4）。

　このとき、タンク下部に取り付けた電磁式自動排出器から、うなり音が聞こえてきました。電磁弁には交流（AC）100Vを使用していたことから、うなり音の原因は異物混入と考えられます。

　機器内部を分解した結果、ストレーナ（フィルター）内部に異物が多量に堆積していたことが判明したのです。レシーバータンクの下部は特にドレンが溜まりやすいことから、自動排出器も定期的に分解・清掃が必要です。

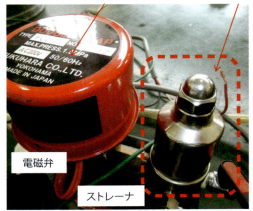 

図6.5.4　電磁式自動排出器（オートドレントラップ）内部の異物堆積状況

○電磁式自動排水器をタンクから外し、排水器内部の残圧を排出して電源を切る
○ナットを外し、パッキンへのグリス塗布とストレーナの洗浄を行う

第6章　空気圧設備の動作不具合の原因

6・6 空気圧機器は圧力確保がカギ

　工芸品ガラスなどに研磨剤を吹き付けて、装飾を施すサンドブラストという工程があります。電磁弁のON／OFFでサンドブラストガンから研磨剤の吹き付け（ブラスト）を切り換えます。通常は電磁弁ONの状態で、連続吹き付けによる装飾作業が行われます。

　こうした装飾作業の最中に、電磁弁から振動（振動音）の発生を確認しました。このとき信号検出用ランプは点灯しているものの、明るさにはムラがあるようです。

　交流ACタイプの電磁弁は電流特性が変化し、異常時にはうなり音が発生します。しかし、使用設備は直流DCタイプの電磁弁を使用しているため、うなり音は発生しません。この原因について考えてみましょう。

システムを確認しよう

　図6.6.1にサンドブラストのエア回路を示しました。レギュレータ①の2次側を通過したエアは分岐され、その一方を別ラインのエアブロー②に使用しています。サンドブラスト使用ラインでは、電磁弁③（パイロット式2ポート2位置弁N・C）を通過したエアが、専用のサンドブラストガン④に接続されている状況です。

　サンドブラストガンは低真空を発生させる機器です。研磨剤タンク⑤を接続すると、真空圧力によって研磨剤が吸われ、エアと研磨剤が合流して吹き付け（ブラスト）を行っています。

　低真空を発生する原理は**図6.6.2**に示す通りです。

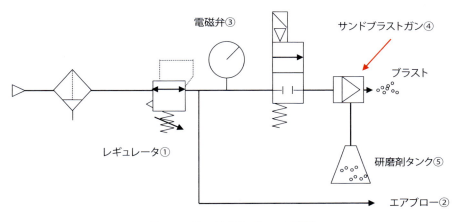

図6.6.1　サンドブラストのエア回路

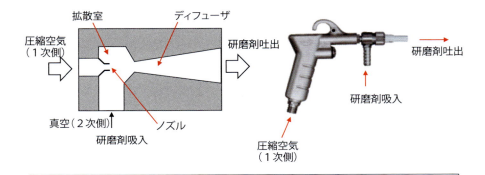

① 圧縮空気を1次側より供給
② ノズルで絞られた圧縮空気は拡散室に放出される際に膨張し、高速度でディフューザに流入
③ そのときの高速流により、拡散室の圧力が低下（真空の発生）
④ 圧力差により、拡散室の低圧部へ2次側より空気が流れ込む
　2次側は、空気が拡散室に流れ込むことで圧力が低下（真空の発生）
⑤ 拡散室に流入した空気は高速で噴出する1次側からの圧縮空気と混合し、ディフューザを通って吐出

図6.6.2　サンドブラストの吸入原理

タイミングチャートから動作不具合を考えよう

図6.6.3にタイミングチャートを示します。エア供給源からレギュレータを通してエアが分岐されています。一方はサンドブラスト側、もう一方はエアブローに使用されます。

サンドブラスト単体では動作に問題はありません。しかし、エアブローを別ラインで使用するとエア供給不足になり、電磁弁の作動圧（0.2MPa）を安定して供給できなくなります。このとき電磁弁の切り換え信号は、作動圧より高いとON、低いとOFFを繰り返し、チャタリング（内部接点の連続切り換え振動）が発生していたことが原因です。

エアブローなどエア消費が多い機器を使用する場合は、同時に動作して供給圧力の低下が発生しないように、別ラインに変更します。これによりチャタリングの発生は解消され、信号検出用ランプも安定して点灯しました。

真空圧力計の取付位置の重要性

(1) 真空機器を用いた吸着搬送のトラブル

真空パットによる製品搬送も、負圧の原理を利用しています。製品を真空パットで吸着すると真空圧力が上昇し、設定値に達すると吸着搬送を行います。特にエア供給が確保できるラインにおいても、吸着搬送中に製品が落下するトラブルが多発します。この原因について考えます。

(2) 真空圧力計は真空パットの近くに取り付けることが有効

十分なエア圧力が確保できたラインにおいても、真空パットと真空発生部までの配管距離の長さが圧力損失として影響します（図6.6.4）。真空パットが吸い込む圧力は、真空発生部側で−23.3 kPa（真空はマイナス値kPa表示）もの高い圧力損失（配管抵抗）が発生しています。

（圧力損失：真空発生部−23.3kPa＞真空パット−2.8kPa）。

したがって吸着搬送トラブルを解決するためには、真空圧力計を圧力損失の低い真空パット側に取り付けることが有効です。圧力検出器の取付位置のほか、真空パットの摩耗・破損、接続部の緩みなども点検しましょう。

【参考文献】
SMC㈱　空気圧の基礎　技術講習会テキスト

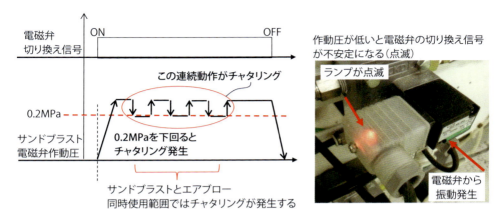

図6.6.3　電磁弁の作動圧とチャタリングの関係

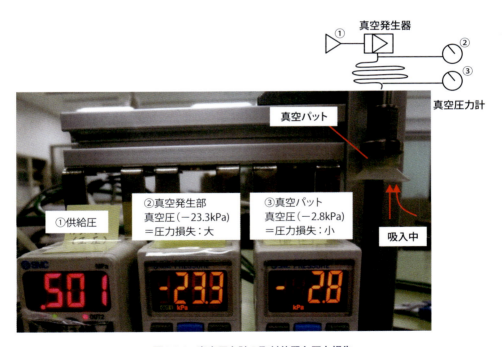

図6.6.4　真空圧力計の取付位置と圧力損失

第6章　空気圧設備の動作不具合の原因

索 引

英数字

２線式と３線式	160
２ポート２位置弁	42
３ポート２位置弁	42
AND回路	162
A呼称	48
B呼称	48
F・R・Lユニット	36
I型プランジャ	142
JIS（日本工業規格）	36
N・C（ノーマルクローズ）	42
N・O（ノーマルオープン）	42, 146
NPNとPNP	160
PRポート	169
SGP配管	47
T形プランジャ	141, 180

あ

圧縮	10, 20
圧損	26
圧力	10, 12
圧力差（差圧）	92, 94
圧力スイッチ	62
圧力センサー	110
圧力調整	60
圧力バランス	102
圧力範囲	13
圧力表示灯	62
圧力容器安全規則	13
アフタークーラー	54
油の劣化（炭化）	122
アンクランプ	44
インジケータ	62, 86
インターロック	45

インチング	52
インバータ制御	8
ウォータセパレータ	147
薄口のスパナ	31
うなり音	178
エアガン	16
エアクッション	158
エア溜まり	158
エアタンク	16
エアタンク（レシーバタンク）	46
エアドライヤー	54
エアの力	78
エアブロー	16
エア漏れ	23, 64
液状シール	134
エレメント	84
円錐ばね	142
オイルの滴下量	154
オイル捕集器（エキゾーストクリーナー）	
	29
応差（応答の差）	75
応答性	164
オートドレン（自動排水機能）	146
オートドレンフィルター	98
オーバーハング	71

か

開度	80
ガイドロット	30
拡散室	183
カシメ加工	40
ガスケット	150
過負荷	15
カム	8

カム機構	9
間欠エアブロー	26
機械式接点	72
機械要素	9
急速継手	106, 108
吸着パッド	11
給油口（フィルプラグ）	152
給油窓	122
供給	11
供給側	34
霧吹き状	22
金属フィルター	140
空気圧	12
空気流量	162
管用	58
管用テーパねじ（Rねじ）	132
管用並行ねじ（Gねじ）	132
クッションリング	158
クランプ	44
クリアランス	141
繰り返し停止精度	14
経年変化	16
結露	22, 46, 110
検出スイッチ	28
交流（AC）	178
呼称口径	48
ゴムホース	128
コンプレッサ	16, 50
コンプレッサオイル	122
コンベアダクト	120

さ

サイクルタイム	162
サイジング	126, 164
最低作動圧力	78
サイレンサー（消音器）	169
座屈	68
残圧	106, 144
残圧開放	108
残圧処理	116
残圧排気弁	112
サンドブラスト	182
シールテープ	58, 77, 132
シールテープの厚み	134
歯科用エアスピンドル	11

磁気近接接点	72
直動形レギュレータ（リリーフタイプ	88
絞り弁	80
自由流れ	80
主配管（鋼配管）	64
主弁	88
主弁（スプール）	42, 78
衝撃緩和器	156
焼損	76, 178
蒸発温度計	57
消費側	34
除湿（水蒸気の処理）	54
ショックアブソーバ（ショックキラー）	
	156
シリンダピストンロッド	15
真空圧力計	184
真空パット	184
シングルタイプの電磁弁	44
吸込ろ過器	122
水分（ドレン）	54
推力	103
推力計算	12, 68
スクイズパッキン	137
スクリュータイプ（パッケージ）	50
ストレーナ	181
ストロークエンド	157
スナップリング	136
スパイラルチューブ	27
スピードコントローラ	40
スピコン	40
スプロケット	108
スポット溶接	178
スライド弁	143
スリーブ（外筒）	141
スリップ	124
静圧管	88
制御流れ	80
制御弁（方向制御弁）	42
節（リンク）	9
石鹸水	64
設備非稼働時	24
ゼロポイント	129
ソケット（メスカプラー）	106
ソフトスプール弁	140
ソレノイド（電磁石）	76

た

タービン油	92
タイミングチャート	20, 162
ダイヤフラム	88, 148
タイロッド	136
立ち上げ配管	46
多点位置決め	14, 114
ダブルタイプの電磁弁	45
ダブルナット	31
ダンパ	92
チェック弁（逆流防止弁）	80
蓄圧	20, 53
チャタリング	184
チャタリング（多点検出）	73
チャック（爪）	131
チューブカッター	130
調圧ハンドル	88
調整ねじ	80
直動式の主弁切り換え	78
直流（DC）	178
チョコ停	24
調圧スプリング	88
突き出しねじ部の長さ	136
抵抗力（反力）	13
低真空を発生する原理	182
低速動作	82
ディフューザ	183
滴下調整	94
滴下窓（アジャスティングドーム）	92
デテント（位置保持）機構	112
テンション調整	125
電動シリンダ	14, 15
電動モータ	8
電力費の低減	24
導油管	152
吐出直前の圧力	26
塗装	50
ドッグ	72
飛び出し現象	102, 116
ドレン	22
ドレンコック	87
ドレン（水分）	20
ドレン排出弁	46

な

ナットツール	154
ニードル弁	158
にじみ	77
ニップル	129
ニップルナット	128
ニトリルゴム（NBR）	136
熱の影響	66
粘度管理	10
ノイズ	174
ノンリリーフレギュレータ	150

は

背圧	82, 100, 103
配管のねじれ	66
排気「EXH」	113
排気絞り調整器（メタリングバルブ）	100
バイパス配管	96
パイロット圧力	166
パイロット式シングルバルブ	120
パイロット式の主弁切り換え	78
パイロット弁	166
パスカル	12
パッキン（ガスケット）	77
パッキンの摺動抵抗	15
バッファー（緩衝）	52
バッフル	84
パルスモータ	14
ピストンロッド	40
ピックツール	134
ピニオン（小歯車）	61
フィルプラグ	94
プーリ	124
吹き付け	16
吹き付け効果	26
複列式バルブ	170
プラグ（オスカプラー）	106
プランジャ（可動鉄心）	76, 178
プランジャストローク	178
ブレーキ付シリンダ	114
ブレーキユニット	70
ヘッド側	18
ベルト	124
ベルトの破断	122
防爆の危険性	13

ボウルケース	144
ホースジョイント	128
ポペット弁	142
ポリウレタン	130

ま

マイクロフィルター	146
マイクロミストセパレータ	147
巻き込み災害	108
膜式ドライヤー	56
マグネット	74
マニホールド	32, 174
ミスト化(霧状)	92
ミストフィルター	56
メータアウト(排気絞り)	82
メータイン(給気絞り)	82
メートルねじ	134
メタルスプール弁	141
モーメント	69

や

油圧	10, 12
有効断面積	49
油分除去用フィルター	146
油量調整ねじ	152
呼び径	48

ら

ラインフィルター	56
ラック	61
リークテスト(漏れ検査)	110
リチウム石鹸基グリース	138
リップパッキン	137
流量センサー	110
流量調整	61
流量特性	164
リリースブッシュ	131
リンク機構	8, 9
ルーバー	84
ループ	46
ルブリケータ	92
冷却ファン	98
冷却フィン	98
冷凍式ドライヤー	56
レギュレータ	148

レギュレータ(減圧弁)	38, 86
レシーバータンク	50
レシプロタイプ(ベビコン)	50
ろ過度(μm)	84
ろ過フィルター	122
ロックナット	80
ロッド側	18
ロッドパッキン	136

わ

ワンタッチ管継手	128

索引　189

〈著者紹介〉

小笠原 邦夫 （おがさわら くにお）

1998年、日本工業大学大学院工学研究科機械工学専攻（工学修士）。半導体メーカー勤務を経て現在、高度ポリテクセンター素材・生産システム系講師。生産設備に関わる技術支援として機械保全全般、装置設計、安全活動などを行っている。
著書：「ひとりで全部できる空気圧設備の保全」「カラー版 機械保全のための部品交換・調整作業」「カラー版 機械保全のための日常点検・調整作業」（日刊工業新聞社）
保有資格：空気圧装置一級技能士、油圧調整一級技能士、機械プラント製図一級技能士

受賞歴

2010　職業訓練教材コンクール「生産システムの理解と自動化機器製作の手引き」
2014　職業訓練教材コンクール「自主保全活動の進め方」
2022　職業訓練教材コンクール「作業安全実習テキスト」
2014　東北大学　石田實記念　奨励賞受賞 「自動化機器の装置設計開発」企業との共同研究

ひとりで全部できる
カラー版 空気圧設備の保全　　　　NDC534.9

2025年2月26日　初版1刷発行　　　　定価はカバーに表示されております。

© 著　者　　小 笠 原　邦　夫
　　発 行 者　　井　水　治　博
　　発 行 所　　日 刊 工 業 新 聞 社
　　〒103-8548　東京都中央区日本橋小網町14-1
　　電話　書籍編集部　03-5644-7490
　　　　　販売・管理部　03-5644-7410
　　　　　FAX　　　　　03-5644-7400
　　振替口座　00190-2-186076
　　URL　https://pub.nikkan.co.jp/
　　email　info_shuppan@nikkan.tech
　　印刷・製本　新日本印刷

落丁・乱丁本はお取り替えいたします。　　　　2025　Printed in Japan
ISBN 978-4-526-08370-9　C3053

本書の無断複写は、著作権法上の例外を除き、禁じられています。